# 美国驱逐舰全史 1899–1940

*The Complete History of U.S. Destroyers*

江泓 著

中国长安出版社

**图书在版编目（CIP）数据**

美国驱逐舰全史：1899 ~ 1940 / 江泓著 . -- 北京：中国长安出版社，2014.9
ISBN 978-7-5107-0772-8

Ⅰ. ①美… Ⅱ. ①江… Ⅲ. ①驱逐舰－军事史－美国－1899 ~ 1940 Ⅳ. ① E925.6-097.12

中国版本图书馆 CIP 数据核字 (2014) 第 214355 号

# 美国驱逐舰全史 1899 – 1940

江泓　著

---

策划制作：指文图书®
出版：中国长安出版社
社址：北京市东城区北池子大街 14 号（100006）
网址：http://www.ccapress.com
邮箱：capress@163.com
发行：中国长安出版社
电话：（010）85099947　85099948
印刷：重庆大正印务有限公司
开本：787mm × 1092mm　16 开
印张：18.75
字数：200 千字
版本：2014 年 10 月第 1 版　2014 年 10 月第 1 次印刷

书号：ISBN 978-7-5107-0772-8
定价：49.80 元

# 出版说明

美国著名军事理论家阿尔弗雷德·马汉在其关于“海权论”的著作中曾经明确提出过，海权与国家兴衰休戚与共。一个国家能否成长为伟大国家，与她对海洋的掌控和利用密切相关。几千年来，中国人对陆地的痴迷远远超过对海洋的关注。这一方面是由于农耕文明的天性使然，另一方面也是由于中国人一直奉行与世无争的哲学思维的结果。尽管郑和下西洋宣示了天朝上国的皇恩浩荡，但是很快中国还是面对浩瀚大洋关闭了自己的大门，拱手放弃了对海洋的主权。于是，一次又一次，中国受到了来自海洋的威胁，荷兰人、英国人、法国人、日本人等等先后从海上向这个自诩为世界正中的国家发起攻击。在受尽欺侮之后，中国人终于慢慢意识到了海洋的重要性，尤其是海防对一个国家的重要性。从晚清开始，尽管受到国力所限，但是一代又一代的中国人对海防建设的重视程度逐渐提高。到今天，我们可以欣喜地看到，海洋文化和海防建设已经成为了一个非常热门的话题。尤其是在南海、东海、钓鱼岛等这些时时触动国人神经的问题尚待时日解决的环境下，可以预料与海洋有关的军事话题将持续获得国人的关注。

维护国家的海洋主权，毫无疑问最重要的力量莫过于海军。放眼全球，以美国、日本、英国、俄罗斯、法国、德国等为代表的海军强国都具有举足轻重的地位。这些国家的海军，现在或者曾经叱咤风云，在世界历史上留下了浓墨重彩的一笔。可以说，海军强国就是世界强国。作为海军的重要组成部分，海军舰艇又是维护海洋主权最有力的工具。而这些国家的海军舰艇，又是体现人类科技发展和历史进步的一面镜子。研究主要海军强国的军舰，既可以全面了解世界海军历史发展，也可以为中国的海军装备建设提供经验。这就是指文号角工作室的“指文武器系列·世界舰艇”图书大系出版的初衷。

我们力争将这套大系打造成为“高大上”的一套读物。这主要体现在：

一、全面。这套图书大系，力图梳理世界主要海军强国主力舰艇的全部发展历史，囊括了航空母舰、战列舰、巡洋舰、驱逐舰、护卫舰、登陆舰艇、鱼雷舰艇、潜艇等主要舰种，预计将出版40本以上。每本书都对相关内容进行极致而深入的介绍，每艘舰艇几乎都会涉及，每段历史也都尽量不错过。

二、通俗。我们不做学术性的专著，我们更不做地摊读物。我们瞄准的是具备一定海军常识的读者。所以我们不会长篇累牍地讲解某种军舰的技术特性，也不会只罗列一些数据。我们根据普通读者的兴趣点，会将一些枯燥的内容用通俗易懂的方式展现；我们更会在书中穿插介绍一些颇有意思甚至带有一点八卦色彩的话题。

三、实用。这套书系完全可以成为工具书，读者可以在其中查到所有舰艇的简单数据，也可以看到几乎每艘舰艇的图片。一书在手，相信读者能够对某国某种舰艇的发展产生清晰的印象，而不再人云亦云或稀里糊涂。

四、精美。得益于指文图书多年来的出版经验，此套大系排版设计极为精美，堪称国内同类图书的佼佼者。这不是王婆卖瓜，这是实事求是。书中大量线图和大幅照片，可以让读者大饱眼福，甚至拍案叫绝。

自从指文号角工作室成立以来，我们关注有质量的军事历史话题。先后出版了华文世界唯一制服徽章收藏文化读物“号角文集”及“单兵装备”系列丛书。“世界舰艇”大系将是我们奉献给读者的另外一套诚意之作。这套大系应该填补了华文读物的一项空白，相信能够获得读者的认可，也希望能够为中国的海洋文化建设做出自己的贡献。

丛书主编：唐思

2014年8月于深圳祥怡阁

# 序

## 驱逐舰，美国海上力量的脊梁

2013年10月28日，一艘形状独特的巨大军舰在美国巴斯铁工造船厂下水，这艘满载排水量高达14797吨的舰艇便是美国新一代导弹驱逐舰“朱姆沃尔特”号。若无意外，该舰将于明年加入美国海军的行列，而成为美国海军在冷战结束以后所奉行的“由海向陆”作战思想的重要核心力量。这也意味着驱逐舰这种总是为他人进行护航的舰艇成为被人护航的角色。

1894年，英国为了打破法国的集中运用雷击舰艇的所谓“少壮学派”战术，研制出一种被称为“鱼雷艇歼击舰（Torpedo boat destroyer）”的新型舰艇。以后这个称呼也被简化为Destroyer，当时中国将其翻译为“鱼雷猎舰”，而日本则将其翻译为“驱逐舰”，结果后者却反而成了该舰种的习惯称呼。而且，当时的驱逐舰事实上就是那种雷击舰艇的放大版，本质上并无区别。只是驱逐舰的诞生，使得以往的雷击舰艇失去了存在意义，被“驱逐”出了海军舰艇家族而已。

美国最早的驱逐舰虽说是从1898年开始建造的，但是，其源流则可以追溯得更早，南北战争期间北军库欣上尉就率艇用杆雷击沉了南军的装甲舰。而后历经各种试验舰艇，在1890年，以库欣为名的雷击舰第一号在美国海军服役。自美西战争爆发后，美国开始步英国的后尘，用驱逐舰之名，将雷击舰逐出了作战序列。

到了第一次世界大战前夕，美国的驱逐舰数量仅为52艘，还远远不能和海军强国相比，但是，一旦加入了战争，其驱逐舰便成为最早的援英战力，横穿大西洋，被誉为“五月花的回归”。美国驱逐舰的投入使得英国开始有余力组织护航船队，将英国的海上交通从崩溃的边缘解救出来。美国为此延缓了大舰建造计划，全力投入轻型舰艇的建造，其平甲板驱逐舰猛然建造了273艘之多，充分展示了美国强有力的工业实力。

到了第二次世界大战中，美国的驱逐舰还是得到了成批生产，仅战时就建造了381艘之多，其中设计卓越的“弗莱彻”级更是达到了175艘这个峰值。而且，还在美国参战之前，其驱逐舰就在护航行动中被击沉，整个战争期间美国驱逐舰的勇敢战功不胜枚举。

到了战后，美国的驱逐舰事实上出现了分化，其中大型的被称为驱逐领舰，战后美国的巡洋舰事实上都属于这一范畴，而通常的驱逐舰则以反潜作为其主要任务，其最终型“斯普鲁恩斯”级的舰体，又发展出了宙斯盾巡洋舰“提康德罗加”级。从这个意义看，战后美国海军的主要水面舰体都流淌着驱逐舰的血脉。

虽然象征着美国海上力量的拳头的，或许是“大白舰队”，或许是超级航空母舰，又或许是弹道导弹核潜艇，但是，默默地支撑起这支海上力量的脊梁，则当推曾经被戏称为“铁皮罐”的驱逐舰。她们依托于美国强大的工业以及管理能力，以一种让世人惊愕的数量大量生产，曾经活跃于保卫护航船队的最前线，宛如猎犬一般与敌方的艨艟巨舰短兵相接。而后则逐渐凝聚起高科技，化作了名副其实的电子堡垒而纵横于冷战和反恐战争的前列。如今，新的宙斯盾驱逐舰各类型的建造数量又将接近百舰，成为今后美国水面舰艇的主体。而“朱姆沃尔特”号的出现，又将美国驱逐舰的发展，推向了一个新的阶段。原本处于主力舰屏障的舰艇终于也成为了舰队的核心。然而，这也许意味着驱逐舰这个概念，甚至于整个舰艇分类的概念要发生根本的变化。这使得我们应该对于今后美国驱逐舰的发展加以关注。

和变化多端的美国其他舰艇的命名不一样，美国驱逐舰的命名始终是以美国海军的名将英杰为主体，从某种意义上而言，这也恰恰符合了美国海上力量的脊梁这一性格与精神。

从诞生到如今，美国驱逐舰数量已经超过了千艘，这在世界上所有的海军中也未曾有过。对于这千艘舰艇加以概览，其困难和工作量有多少可想而知，但是，江泓、钱坤与张恩东等先生能够挑起这副担子，图文并茂地完成写作可谓难能可贵。借此本人致以由衷的敬意。

2014年8月31日

章骞，字德淳，国内知名海军史专家，网名“寶劍橡葉騎士”，先后在《国际展望》、《军事历史》、《现代舰船》及《战争史研究》等刊发文数十篇，编著出版了《无畏之海》、《艨艟夜谭》与《世界海军史探奇》（合著）等多本海军题材著作，在国内海军史研究领域亦有极高声誉。

# 前言

驱逐舰（Destroyer）是一种多用途舰艇，其从19世纪90年代至今已经拥有了超过一个世纪的发展历史。从诞生之日起，驱逐舰从一种专门对付鱼雷艇的小型辅助舰艇一步步发展成为今天各国海军中最重要的水面作战舰艇。今天的驱逐舰已经成为海上多面手，现代化的驱逐舰上安装了防空、反潜、对海对岸武器，既能在舰队中承担常见的防空、反潜护航任务，又能独自执行对岸远程攻击任务，还能够进行巡逻、侦察、封锁和救援等多种任务，多用途的驱逐舰具有极强的综合作战能力。

美国驱逐舰作为当代多用途驱逐舰的代表，汇集了众多高新技术于一身，已经成为今天驱逐舰设计和使用的风向标。不过，即便是最强大的武器也有由弱到强、逐步进化的过程，美国驱逐舰当然也不例外。从最早仅仅装有几门火炮和几枚鱼雷的大型鱼雷艇到今天有相控阵雷达、多种用途导弹、舰载直升机的大型军舰，美国驱逐舰拥有自身独具特色的发展历程。

《美国驱逐舰全史》分为三册，以时间为顺序，以级别为主干，以大量数据、史料和图片为基础，全面介绍了美国驱逐舰的发展历史。作为国内第一套全面介绍美国驱逐舰的书籍，书中不仅宏观地对每一个级别驱逐舰进行总体概括，对每一艘曾经服役于美国海军的驱逐舰也都会有不同程度的涉及。除了对驱逐舰本身的叙述，书中还加入了许多与主题密切相关的知识点，力求让本书更全面、更丰富、更具历史感。

本书的相关数据资料来源于美国海军官方网站、各国档案馆已公开的文档以及关于美国驱逐舰的专业著作。关于每艘军舰的相关参数参考了美国海军档案和制造商官方网站公布的数据。在本书的编写过程中，由于掌握的资料有限，难免会有不足之处，希望各位读者指正。

在《美国驱逐舰全史》的成书过程中，我们有幸请到了来自波兰的斯拉维克·利皮斯基先生和中国海军史研究会的顾伟欣先生为本书绘制美国驱逐舰的精细线图，两位画家精湛的技术和一丝不苟的态度令人钦佩，精美的线图更是为本书增色不少。

最后要感谢海军史专家章骞老师在百忙之中抽出时间为本书作序，能够得到专家的肯定对我们来说是一种鼓励和肯定。

作者

2014年8月

# CONTENTS 目录

第一章

CHAPTER 01

# 诞生之初

## 早期美国驱逐舰

## (1899—1918)

19世纪以来，随着两次工业革命的进行，众多尖端科技被引入海军舰艇的制造领域，曾经的木壳船体换成了坚固的全钢结构，前装滑膛炮发展为精准的后装线膛炮，高大的风帆被蒸汽动力和螺旋桨取代。就这样，海军舰艇发生了巨大的变化，进入了近代化时代，其中装有厚重装甲和大口径火炮的装甲舰和巡洋舰成为了海战的主角。

正是在这个海军技术大变革的时代，无线电、光学测距仪、水雷和鱼雷也被安装在战舰上，其中又以鱼雷最为抢眼。1866年，英国人罗伯特·怀特黑德发明了鱼雷，这种威力巨大的水中兵器立即成为对付大型战舰的有效武器。在鱼雷问世不久后，专门用于发射鱼雷的小型舰艇鱼雷艇便诞生了，这种快速轻便的小艇通过高速接近目标并进行鱼雷攻击可以有效打乱对方战斗队形，甚至是击伤击沉对方的主力舰。

面对可以以小搏大的鱼雷艇，拥有当时世界上数量最多主力舰的英国开始寻求应对的方式。英国设想建造一种比鱼雷艇更大更快，安装有多门小口径速射火炮的新型舰艇，这种舰艇跟随大舰队作战，当发现敌方鱼雷艇时会像猫捉耗子一样扑向对方，并以火炮摧毁对方的鱼雷艇。新型舰艇不但可以消除鱼雷艇的威胁，同时其也能够搭载鱼雷进行鱼雷攻击。1887年，英国建造了一艘这样的舰艇，另外四艘则是在1892年建造的，英国海军将其称为“鱼雷艇驱逐舰”，简称为“驱逐舰”。

1893年8月12日，一艘外形流线的军舰从亚罗公司的船台上滑入大海，这艘军舰就是具有里程碑意义的“哈沃克”号（HMS Havock）驱逐舰。“哈沃克”号长56.4米，宽

▲ 曾任美国海军副部长的西奥多·罗斯福，他提出了美国建造驱逐舰的计划。

5.6米，排水量275吨，航速27节。相对于较小的舰体，“哈沃克”号具有灵活而强大的火力，舰上安装有一门76.2毫米火炮和三门57毫米速射炮，此外还有三具450毫米鱼雷发射管。“哈沃克”号在设计上完全满足了进行反雷击作战的要求，是世界上第一艘真正意义上的驱逐舰。

就在各国海军在鱼雷攻击和反制手段上进行博弈之时，刚刚结束内战的美国开始将视线转向了广阔的大洋。19世纪80年代，美国已经走出了战争阴影，工业化使得国家的实力逐渐增强，工业巨头们急迫地要求开拓海外市场，发展海运和造船业就成了当务之急。为了保证大洋上航行的商船队的安全，美国需要一支强大的海军。

1883年，美国国会授权建造了“亚特兰大”号、“波士顿”号和“芝加哥”号三艘护

卫巡洋舰，这些军舰采用了蒸汽动力、双层水密舱室、全电气化，代表了美国海军从旧到新的转变。1885年，国会开始每年为海军提供新舰艇的建造经费，第二年美国就建造了战列舰“德克萨斯”号和“缅因”号。随着美国建造战舰的体积不断增大，曾经的“绿水海军”已经开始转变为一支“蓝水海军”，而1891年开始建造的三艘排水量超过1万吨的“印第安纳”级战列舰就是一个信号。到美西战争爆发前，美国已经拥有了一支引人注目的海军力量，其包括：四艘一级战列舰，两艘二级战列舰，两艘装甲巡洋舰，十艘护卫巡洋舰和大量的炮艇、浅水炮舰和鱼雷艇。

美西战争爆发后，尽管美国海军取得了一边倒的优势，但是西班牙的鱼雷艇却威胁着美国战列舰，此时的美国海军面临着与当年英国人一样的忧虑。时任美国海军副部长西奥多·罗斯福（Theodore Roosevelt）提出海军需要一种可以拦截西班牙鱼雷艇并能进行鱼雷攻击的小型舰艇，于是国会在1898年同意拨款建造新型的“鱼雷驱逐舰”（TBD），这就是美国建造的第一级驱逐舰——“班布里奇”级。

1901年，西奥多·罗斯福成为美国第26任总统，作为大舰队的支持者，他非常清楚海军对一个国家意味着什么，他曾经说：“美国人民必须建立并保持强大的海军，否则就肯定得下决心接受在处理国际事务时的从属地位。”在这种大背景下，美国海军得到了飞跃式的发展，包括新型远洋高速驱逐舰在内的一大批战舰开始建造，美国人再也不想只在墨西哥湾和近海划船泛舟了。

1907年12月，美国海军16艘新锐战列舰在7艘驱逐舰的陪伴下缓缓离开位于弗吉尼亚州的汉普顿海军基地，开始了长达一年多的环球航行。由于所有的舰只都被漆上明亮的白色，因此这只舰队也被称作“大白舰队”（Great White Fleet）。通过“大白舰队”的航行，美国人以一种特别的方式震慑了对手，也确立了自己的海上强权地位。

当“大白舰队”圆满地完成了出访任务后，受到鼓舞的美国开始实施更大规模的造舰计划，其中便包括第二代驱逐舰的“千吨驱逐舰”，这些驱逐舰更大更快，火力更强。当第一次世界大战爆发时，美国海军力量仅次于英国和德国，成为世界上的第三海军强国。尽管在一战前期，美国并没有直接参战，但是在此期间海军的力量进一步扩张。美国国会于1916年通过了大规模的造舰拨款，计

▲ *正在巡航途中的“大白舰队”，这支舰队代表了美国人海洋之梦的开启。*

划建造10艘战列舰、6艘战列巡洋舰、10艘巡洋舰和50艘驱逐舰。实际上，美国在此期间建造的驱逐舰数量远不止50艘，其中的“维克斯”级驱逐舰建造了111艘，而美国参战后开始建造的“克莱蒙森”级更是达到了156艘。数量众多的驱逐舰也成为美国加入一战后最早参战的力量，其在护航作战方面表现突出。

美国海军早期驱逐舰的建造就像是美国海军的一个缩影，它以自身的发展见证了这支海军力量在短时间内由弱到强、力量激增。当舰体修长的驱逐舰劈开波浪驶向远方时，美国海军的海洋之梦也由此拉开了序幕。

▲ 正在梅尔岛海军船厂检修的几艘驱逐舰，分属“班布里奇”级和“特拉克斯顿”级。

## “班布里奇”级（Bainbridge class）

美西战争爆发后，美国海军副部长西奥多·罗斯福提出海军需要一种可以拦截西班牙鱼雷艇并能进行鱼雷攻击的小型舰艇。有鉴于此，美国国会在1898年同意拨款建造16艘“鱼雷驱逐舰”（TBD）。就这样，美国海军的第一级驱逐舰——“班布里奇”级诞生了。

由于之前美国没有建造过现代意义上的驱逐舰，因此“班布里奇”级的设计可以说是从零开始，唯一可以借鉴的就是英国之前设计建造的驱逐舰。“班布里奇”级的官方设计是以鱼雷艇为蓝本，其尺寸是之前鱼雷艇的两倍。相对于鱼雷艇，“班布里奇”级搭载的鱼雷数量减少，但是火炮数量增加。“班布里奇”级上的两门76毫米炮分别安装在舰桥和舰艉的指挥塔上，五门57毫米炮中的两门一左一右安装在舰桥上，剩下三门分别安装在舰体中央及舰艉。“班布里奇”级舰体中部的四根烟囱分别连接四座锅炉，而四座锅炉

▲ 位于烟台港外的美国海军第1鱼雷编队，图中五艘驱逐舰均为“班布里奇”级，从左到右分别是“班布里奇”号、“戴尔”号、“巴里”号、“迪凯特”号和“昌西”号。

两两一组，分别连接两座轮机。“班布里奇”级的输出功率为8000马力，最高航速28节。

1899年8月15日，“班布里奇”级的首舰“班布里奇”号（DD-1）驱逐舰在纳菲尔-利维船舶和发动机制造公司开工建造，该级的其他12艘分别在威廉·特里格造船公司（DD-4至DD-5）、夏兰·荷令斯威钢铁厂（DD-6至DD-7）、弗河造船厂（DD-8至DD-9）、联合钢铁厂（DD-10至DD-12）和燃气轮机及发电公司（DD-13）建造。所有“班布里奇”级驱逐舰都在1900至1903年间下水并服役，由于建造公司不同，各舰在细节上也有差别。除了官方设计的标准配置外，弗河造船厂建造的“罗伦斯”号和“麦克多诺”号舰首采用“龟背”前甲板，四根烟囱全部紧密排列，全部七门火炮为57毫米炮；夏兰·荷令斯威钢铁厂建造的“霍普金斯”号 和“赫尔”号采用较低的“龟背”前甲板，其烟囱较高，全部六门火炮为57毫米炮。

“班布里奇”级驱逐舰作为美国海军装备的第一级驱逐舰具有跨时代的意义，其在航速、火力和续航能力上都达到并超过了设计要求。尽管到了一战前夕，“班布里奇”级的性能已经有些过时，但还是全部参加了战争，其主要在大西洋和地中海执行护航任务。一战中除了“昌西”号在1917年11月19日被英国商船“罗斯”号撞沉，其他12艘毫发无损。战争结束后，所有“班布里奇”级驱逐舰全部退役并被出售拆解。

▲ 一名“班布里奇”号上的水兵正在舰艏76毫米主炮前休息。

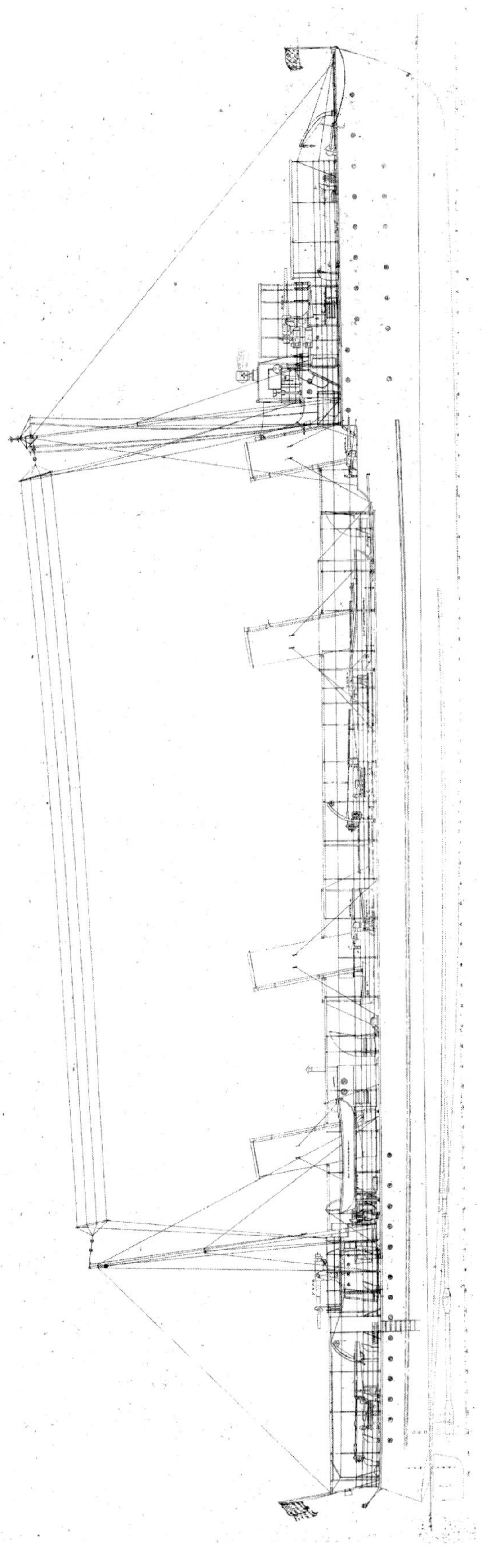

“班布里奇”级驱逐舰线图

1916年左右在阿拉斯加附近的四艘“班布里奇”级，从左到右分别是“保罗·琼斯”号、“斯图尔特”号、“培里”号和“普雷贝尔”号。

1914年左右“班布里奇”号上的乘员合影。

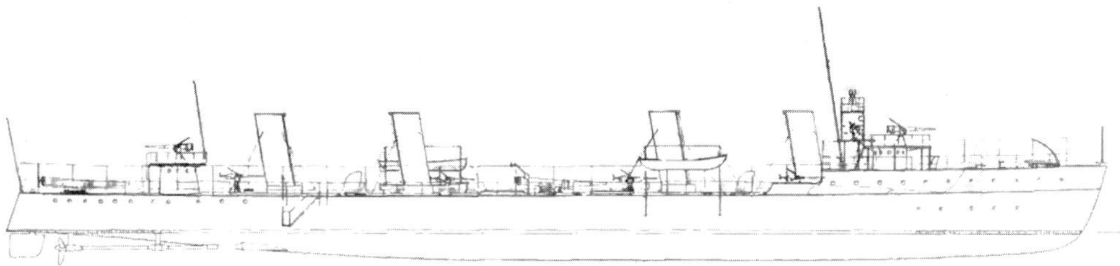

“班布里奇”号线图

1901年“培里”号线图

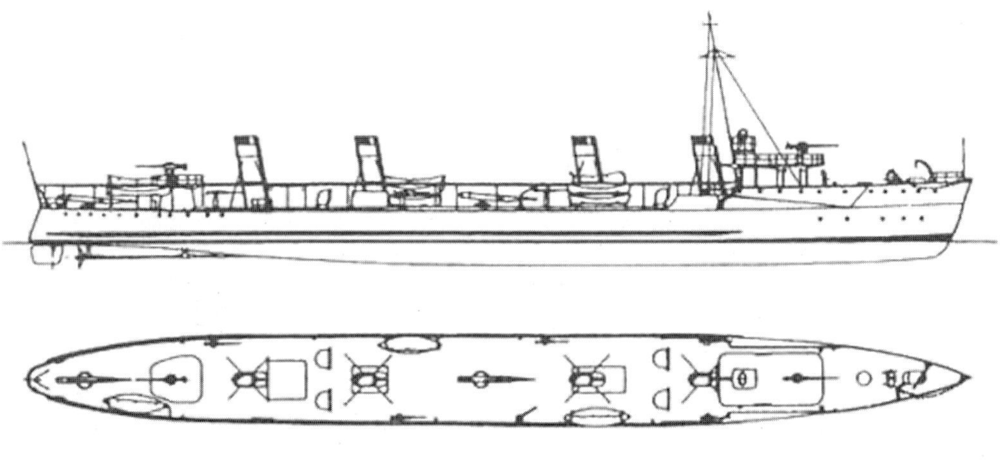

| 舰名 | 译名 | 建造编号 | 建造船厂 | 开工日期 | 下水日期 | 服役日期 | 命运 |
|---|---|---|---|---|---|---|---|
| Bainbridge | 班布里奇 | DD-1 | 纳菲尔－利维船舶和发动机制造公司 | 1899.8.15 | 1901.8.27 | 1903.1.10 | 退役拆解 |
| Barry | 巴里 | DD-2 | 纳菲尔－利维船舶和发动机制造公司 | 1899 | 1902.3.22 | 1902.11.24 | 退役拆解 |
| Chauncey | 昌西 | DD-3 | 纳菲尔－利维船舶和发动机制造公司 | 1899 | 1901.10.26 | 1903.2.21 | 1917 年 11 月 19 日因意外沉没 |
| Dale | 戴尔 | DD-4 | 威廉·特里格公司造船公司 | 1899 | 1900.7.24 | 1903.2.13 | 退役拆解 |
| Decatur | 凯迪特 | DD-5 | 威廉·特里格公司造船公司 | 1899 | 1900.9.26 | 1902.3.19 | 退役拆解 |
| Hopkins | 霍普金斯 | DD-6 | 夏兰·荷令斯威钢铁厂 | 1899 | 1902.4.24 | 1903.11.23 | 退役拆解 |
| Hull | 赫尔 | DD-7 | 夏兰·荷令斯威钢铁厂 | 1899 | 1902.6.21 | 1903.5.20 | 退役拆解 |
| Lawrence | 罗伦斯 | DD-8 | 弗河造船厂 | 1899.4.10 | 1900.11.7 | 1903.4.7 | 退役拆解 |
| Macdonough | 麦克多诺 | DD-9 | 弗河造船厂 | 1899.4.10 | 1900.12.24 | 1903.9.5 | 退役拆解 |
| Paul Jones | 保罗·琼斯 | DD-10 | 联合钢铁厂 | 1899.4.20 | 1902.6.14 | 1902.7.19 | 退役拆解 |
| Perry | 培里 | DD-11 | 联合钢铁厂 | 1899.4.19 | 1900.10.27 | 1902.9.4 | 退役拆解 |
| Preble | 普雷贝尔 | DD-12 | 联合钢铁厂 | 1899.4.21 | 1901.3.2 | 1903.12.14 | 退役拆解 |
| Stewart | 斯图尔特 | DD-13 | 燃气轮机及发电公司 | 1900.1.24 | 1902.12.1 | 1902.12.1 | 退役拆解 |

| 基本技术性能 | |
|---|---|
| 基本尺寸 | 舰长 76 米，舰宽 7 米，吃水 2 米 |
| 排水量 | 标准 420 吨 / 满载 592 吨 |
| 最大航速 | 28.4 节 |
| 续航能力 | 3080 海里 / 18 节 |
| 动力配置 | 4 座燃煤锅炉，2 台三联式引擎，8000 马力 |
| 武器配置 | 2×76 毫米火炮，5×57 毫米火炮，2×457 鱼雷发射管 |
| 人员编制 | 72 名舰员 +3 名军官 |

▲ *1915年在菲律宾苏比克湾的“班布里奇”号。*

1908年的“霍普金斯”号，其舰桥结构还是比较简单的。

▲1913年与两艘鱼雷艇停泊在一起的“劳伦斯”号，三艘军舰的舰艏设计有相似之处。

▼1907年航行中的“麦克多诺”号，远处依稀可以看到海岸边的工厂。

▼1915年12月26日停靠在墨西哥外海的“保罗·琼斯”号。

▲ 下水后不久的“培里”号。

▲ 下水后不久的“普雷贝尔”号，该舰没有后主桅。

▼ 1915年停泊在墨西哥外海的“斯图尔特”号，不远处停泊着一艘同级别的驱逐舰。

## “特拉克斯顿”级（Truxtun class）

上文提到，美国国会在1898年同意拨款建造16艘“鱼雷驱逐舰”，其中13艘属于“班布里奇”级，而剩下的3艘属于“特拉克斯顿”级。

“特拉克斯顿”级的设计与“班布里奇”级非常相似，都是以鱼雷艇为蓝本，不过其尺寸比“班布里奇”级更大。在设计上，“特拉克斯顿” 级上的两门76毫米炮分别安装在舰桥和舰艉的指挥塔上，五门57毫米炮中的两门一左一右安装在舰桥上，剩下三门分别安装在舰体中央及舰艉。“特拉克斯顿”级也是舰体中部有四根烟囱分别连接四座锅炉，而四座锅炉两两一组，分别连接两座轮机。“特拉克斯顿”级的输出功率为8300马力，最高航速29.6节。

1899年11月13日，“特拉克斯顿”级的首舰“特拉克斯顿”号（DD-14）在马里兰钢铁造船厂开工建造，该级的其他2艘：“惠普尔”号（DD-15）和“沃登”号（DD-16）也是在这家造船厂建造的。所有“特拉克斯顿”级驱逐舰都在1901至1903年间下水并服役。在该级驱逐舰的建造中，马里兰钢铁造船厂融入了自己的设计，使其与同时代的“班布里奇”级在外观上具有一定的不同。“特拉克斯顿”级舰首全部采用“龟背”前甲板，其一直延伸至舰桥下，使得两门57毫米炮必须从“龟背”上的开孔向两舷射击。尽管设计上是安装五门57毫米火炮，但是“特拉克斯顿”级全部安装有六门57毫米炮。

尽管是同时期设计和建造的，不过“特拉克斯顿”级驱逐舰算得上是美国海军装备的第二级驱逐舰，其在航速、火力和远洋航行能力上都要比“班布里奇”级出色。“特拉克斯顿”级驱逐舰建成服役后，“特拉克斯顿”号和“惠普尔”号在1907年跟随著名的“大白舰队”进行环球航行，表现出了不错的远洋航行和续航能力。之后，三艘“特拉克斯顿”分别在大西洋和太平洋舰队服役。1914年，美军入侵韦拉克鲁，为了威慑墨西哥，全部三艘“特拉克斯顿”级驱逐舰都被派往墨西哥外海。当一战爆发时，“特拉克斯顿”级已经有些过时，但是它们还是被派往大西洋护航商船。三艘“特拉克斯顿”级驱逐舰最终安全度过战争时期，并在1919年退役除籍。有趣的是，所有“特拉克斯顿”级驱逐舰后来被费城一位名为约瑟夫·G·希特纳（Joseph G. Hitner）的商人买去，并被改造成水果运输船继续使用了一段时间。

虽然“特拉克斯顿”级外形上与“班布里奇”级相似，但是其性能更好，该级驱逐舰为后来美国海军驱逐舰的设计定下了标准。

▼ “沃登”号配置图

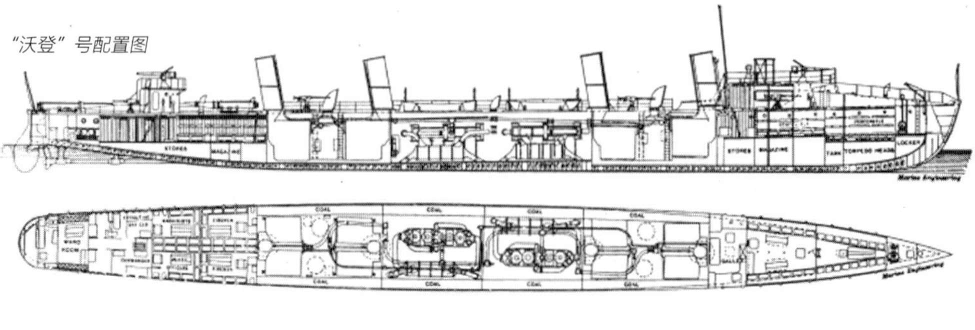

| 舰名 | 译名 | 建造编号 | 建造船厂 | 开工日期 | 下水日期 | 服役日期 | 命运 |
|---|---|---|---|---|---|---|---|
| Truxtun | 特鲁克斯顿 | DD-14 | 马里兰钢铁造船厂 | 1899.11.13 | 1901.8.15 | 1902.9.11 | 退役出售 |
| Whipple | 惠普尔 | DD-15 | 马里兰钢铁造船厂 | 1899.11.13 | 1901.8.15 | 1903.2.17 | 退役出售 |
| Worden | 沃登 | DD-16 | 马里兰钢铁造船厂 | 1899.11.13 | 1901.8.16 | 1903.3.17 | 退役出售 |
| 基本技术性能 | | | | | | | |
| 基本尺寸 | 舰长 79 米，舰宽 7 米，吃水 1.8 米 | | | | | | |
| 排水量 | 标准 450 吨 / 满载 615 吨 | | | | | | |
| 最大航速 | 29.6 节 | | | | | | |
| 续航能力 | 3080 海里 / 18 节 | | | | | | |
| 动力配置 | 4 座燃煤锅炉，2 台三联式引擎，8300 马力 | | | | | | |
| 武器配置 | 2×76 毫米火炮，6×57 毫米火炮，2×457 毫米鱼雷发射管 | | | | | | |
| 人员编制 | 75 名舰员 +3 名军官 | | | | | | |

▲ 1915年停泊于西海岸港口的“特拉克斯顿”号，这艘驱逐舰距离海岸非常近。

▼ 参加“大白舰队”环球航行时的“惠普尔”号，小图为其舰长哈奇中尉。

▲ 下水不久的“沃登”号，请注意舰艏的龟背设计。

## “史密斯”级（Smith class）

1901年，西奥多·罗斯福成为美国总统，上台之后他专注于扩建美国海军，借此增加美国在加勒比海和太平洋上的影响力。为了满足海军未来发展的需要，海军上将乔治·杜威领导的海军事务委员会（General Board）在罗斯福成为总统的同一年命令海军建造及维修署（Bureau of Construction and Repair）设计新型驱逐舰。

▲ 美国海军上将乔治·杜威，他对美国海军的发展发挥了极其重要的作用。

任务下达之后，海军内部却出现了分歧，海军事务委员会认为新驱逐舰的设计可以通过改良“特拉克斯顿” 级完成，而海军建造及维修署却指出“特拉克斯顿”级已经过时，应该重新设计。就在双方僵持不下之时，1904年日俄战争爆发，战争中日本海军的鱼雷艇表现出色，击沉击伤了俄国海军的多艘装甲舰。日俄战争的经验教训让美国海军认识到只有拥有足够数量的驱逐舰才能保护战列舰不被对方的鱼雷艇袭击，驱逐舰一下子成为美国海军发展的重要项目。

有鉴于驱逐舰的重要性及新型驱逐舰的设计迟迟不能完成，罗斯福总统下令海军少将乔治·康福斯组成一个委员会确定美国海军驱逐舰的发展战略和战术用途，并对新舰的配置和装备进行确定。在总统的亲自过问下，委员会在1905年1月7日向海军部提交报告，称新型驱逐舰应该同时担任传统鱼雷艇和现代护航军舰的双重角色。为了满足双重角色的要求，新型驱逐舰必须具有出色的远洋性能，可以在多种海况条件下进行高速巡航。1906年6月，美国国会批准建造三艘驱逐舰，1907年3月又批准再建造两艘。经过长达五年的等待，美国海军终于迎来了新型驱逐舰，它就是“史密斯”级。

▲ 检修中的“史密斯”级使用的燃气轮机。

与之前的“特拉克斯顿”级相比，“史密斯”级驱逐舰体积更大，火力更强。从外形上看，“史密斯”级采用了上下两层甲板设计，其已经具有了远洋驱逐舰的特征。在官方设计中，“史密斯”级有五门76毫米火炮，其

▲ “傅拉瑟”号上的鱼雷发射管，当时驱逐舰上还使用单管鱼雷发射管。

“傅拉瑟”号上的全体乘员合影，救生圈上写有该舰的舰名。

中舰艏三门、中轴及舰艉各一门。除了火炮，“史密斯”级上还装有三座单联装鱼雷发射管，其中两座在中轴上，一座位于舰艉。“史密斯”级第一次使用燃气轮机作为动力，三座燃气轮机输出功率超过10000马力，最高航速超过28节。

1908年3月18日，“史密斯”级首舰“史密斯”号（DD-17）驱逐舰在克雷普父子造船厂开工建造，该级其他4艘分别在纽约造船厂（DD-19）和巴斯钢铁厂（DD-20至DD-21）建造。所有的“史密斯”级都在1908至1910年间下水并服役，由于海军允许各造船厂自行决定锅炉的安装位置，因此五艘“史密斯”级驱逐舰的烟囱在位置上有一定的差别。

“史密斯”级驱逐舰服役之后，一直在大西洋和加勒比海执行任务，其中“林森”号曾于1916年支援美国海军陆战队入侵多米尼加。后来为了增强战斗力，“史密斯”级上的单联装鱼雷发射管全部被换成双联装。美国参加一战后，五艘“史密斯”级全部被派往大西洋参加护航任务。战争结束后，性能上已经过时的“史密斯” 级在1919至1921年间全部退役并被出售拆解。

“傅拉瑟”号上的发动机舱，其中的机械和管线布局比较合理。

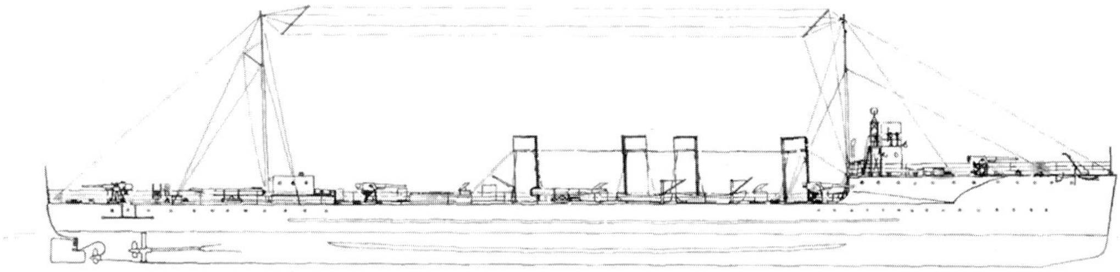

"史密斯"号线图

| 舰名 | 译名 | 建造编号 | 建造船厂 | 开工日期 | 下水日期 | 服役日期 | 命运 |
|---|---|---|---|---|---|---|---|
| Smith | 史密斯 | DD-17 | 克雷普父子造船 | 1908.3.18 | 1909.4.20 | 1909.12.26 | 退役拆解 |
| Lamson | 林森 | DD-18 | 克雷普父子造船 | 1908.3.18 | 1909.6.16 | 1910.2.10 | 退役拆解 |
| Preston | 普利斯顿 | DD-19 | 纽约造船厂 | 1908.4.28 | 1909.7.14 | 1909.12.21 | 退役拆解 |
| Flusser | 傅拉瑟 | DD-20 | 巴斯钢铁厂 | 1908 | 1909.7.20 | 1909.10.28 | 退役拆解 |
| Reid | 里德 | DD-21 | 巴斯钢铁厂 | 1908.8.3 | 1909.8.17 | 1909.12.3 | 退役拆解 |
| 基本技术性能 | | | | | | | |
| 基本尺寸 | 舰长 89.5 米，舰宽 8 米，吃水 3.2 米 | | | | | | |
| 排水量 | 标准 700 吨 / 满载 902 吨 | | | | | | |
| 最大航速 | 28.3 节 | | | | | | |
| 续航能力 | 2800 海里 / 10 节 | | | | | | |
| 动力配置 | 4 座燃煤锅炉，3 台燃气轮机，10362 马力 | | | | | | |
| 武器配置 | 5 × 76 毫米火炮，3 × 457 鱼雷发射管 | | | | | | |
| 人员编制 | 83 名舰员 +4 名军官 | | | | | | |

一战前的"史密斯"号，此时它正静静停泊在海面上。

1910年完工后不久的“普利斯顿”号，双层甲板结构非常明显。

1909年航行状态下的“傅拉瑟”号，修长的舰体中部是分成两组的四根烟囱。

▲ 海试中的“里德”号，滚滚浓烟说明它已经开足了马力。

## “保尔丁”级(Paulding class)

20世纪初，随着造船技术的发展，特别是燃油发动机和改良蒸汽轮机在造船领域的应用，美国海军开始考虑将燃油发动机安装在驱逐舰上，以增强驱逐舰的续航能力。新型驱逐舰的设计以之前的“史密斯”级为蓝本，名为“保尔丁”级。

“保尔丁”级与“史密斯”级驱逐舰外形结构相似，也采用上下两层甲板设计，以提高适航性。在官方设计中，“保尔丁”级有五门76毫米火炮，其中舰艏有三门，中轴及舰艉各一门。除了火炮，“保尔丁”级上还装有三座双联装鱼雷发射管，其鱼雷齐射能力是“史密斯”级的两倍。“保尔丁”级是美国第一级安装燃油锅炉的驱逐舰，四台燃油锅炉连接着四根烟囱。“保尔丁”上的三座燃气轮机动力强劲，输出功率达到12000马力，最高航速超过29.5节。

▲ “保尔丁”号上的水手正在检查高射炮弹药。

"保尔丁"号舰艉的主炮，可以看到舰艉下面已经露出了船舵。

1909年7月24日，"保尔丁"级的首舰"保尔丁"号（DD-22）驱逐舰在巴斯钢铁厂开工建造，该级其他20艘分别在纽波特纽斯造船厂（DD-24至DD-25、DD-32、DD-37），佛尔河船舶及引擎制造公司（DD-26至DD-27、DD-34、DD-39），纽约造船厂（DD-28至DD-29、DD-35、DD-38），克雷普父子造船厂（DD-30至DD-31、DD-36、DD-40）建造。所有的"保尔丁"级都在1909至1912年间下水并服役。

所有"保尔丁"级驱逐舰服役之后，一直在大西洋和加勒比海执勤，其中几艘曾经参加过入侵多米尼加和墨西哥的战斗。一战爆发后，作为美国绝对主力的"保尔丁"级驱逐舰被派往大西洋参加护航。在战争时期，"保尔丁"级驱逐舰很好的完成了任务，其中

"沃灵顿"号舰舯部分，可以看到该级舰的烟囱配置。

“范宁”号（DD-37）驱逐舰在1917年11月17日与“奥布莱恩”级的“尼科尔森”号（DD-52）驱逐舰配合，成功俘虏了德国海军U-58号潜艇的艇员。

一战结束后，“保尔丁”级全部成员都于1919年退役，其中的13艘于1924年转入美国海岸警卫队服役，在美国禁酒令时期查处酒精走私。1934年，根据《伦敦海军条约》的规定，所有的“保尔丁”级驱逐舰最终被出售拆解。

“保尔丁”级是美国继“史密斯”级之后设计建造的第二批远洋驱逐舰，也是美国建造的第一批燃油驱逐舰。尽管外形上与“史密斯”级相似，但是“保尔丁”级驱逐舰的性能更好，建造数量也更多。作为一战前美国建造数量最多的一级驱逐舰，“保尔丁”级完成了自己的使命，履行了自己作为“大西洋看门人”的职责。

照片远处为停泊在波士顿的三艘“保尔丁”级，从左到右分别是“亨雷”号、“保尔丁”号和“范宁”号。

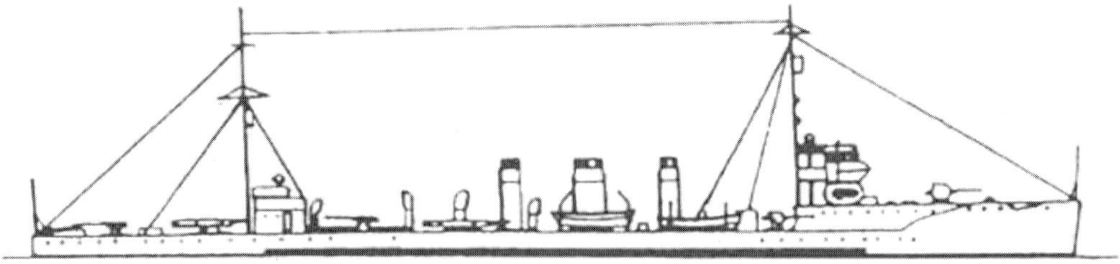

1912年“柏金斯”号线图

1912年“布洛士”号线图

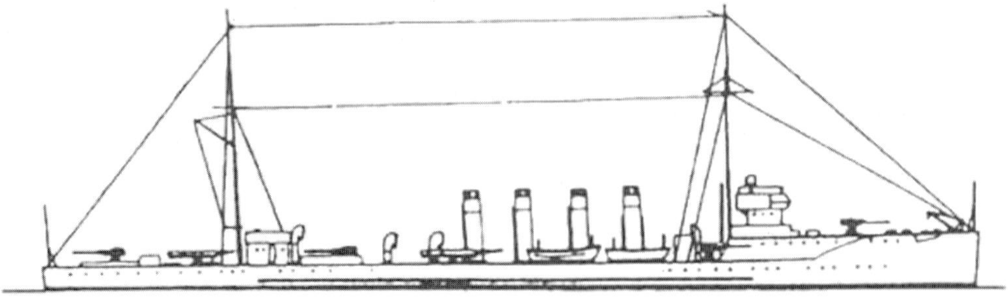

| 舰名 | 译名 | 建造编号 | 建造船厂 | 开工日期 | 下水日期 | 服役日期 | 命运 |
| --- | --- | --- | --- | --- | --- | --- | --- |
| Paulding | 保尔丁 | DD-22 | 巴斯钢铁厂 | 1909.7.24 | 1910.4.12 | 1910.9.29 | 退役拆解 |
| Drayton | 杜雷顿 | DD-23 | 巴斯钢铁厂 | 1909 | 1910.8.22 | 1910.10.29 | 退役拆解 |
| Roe | 罗 | DD-24 | 纽波特纽斯造船厂 | 1908.8.3 | 1909.7.24 | 1909.12.17 | 退役拆解 |
| Terry | 泰利 | DD-25 | 纽波特纽斯造船厂 | 1909.2.8 | 1909.8.21 | 1909.10.18 | 退役拆解 |
| Perkins | 柏金斯 | DD-26 | 佛尔河船舶及引擎制造公司 | 1909.3.22 | 1910.4.9 | 1909.12.15 | 退役拆解 |
| Sterett | 斯特雷 | DD-27 | 佛尔河船舶及引擎制造公司 | 1909.3.22 | 1910.3.12 | 1911.1.23 | 退役拆解 |
| McCall | 麦哥 | DD-28 | 纽约造船厂 | 1909.6.8 | 1910.6.4 | 1911.2.21 | 退役拆解 |
| Burrows | 布洛士 | DD-29 | 纽约造船厂 | 1909.6.19 | 1910.6.23 | 1911.3.20 | 退役拆解 |
| Warrington | 沃灵顿 | DD-30 | 克雷普父子造船厂 | 1909.6.21 | 1910.6.18 | 1911.7.12 | 退役拆解 |
| Mayrant | 梅兰 | DD-31 | 克雷普父子造船厂 | 1909.4.22 | 1910.4.23 | 1911.6.21 | 退役拆解 |
| Monaghan | 莫纳根 | DD-32 | 纽波特纽斯造船厂 | 1910.6.1 | 1911.2.18 | 1911.3.23 | 退役拆解 |
| Trippe | 特里普 | DD-33 | 巴斯钢铁厂 | 1910.4.12 | 1910.12.20 | 1911.6.22 | 退役拆解 |
| Walke | 瓦尔克 | DD-34 | 佛尔河船舶及引擎制造公司 | 1910.3.5 | 1910.11.3 | 1911.3.23 | 退役拆解 |
| Ammen | 艾门 | DD-35 | 纽约造船厂 | 1910.3.29 | 1910.9.20 | 1911.3.22 | 退役拆解 |
| Patterson | 柏德森 | DD-36 | 克雷普父子造船厂 | 1910.3.29 | 1911.4.29 | 1911.10.11 | 退役拆解 |
| Fanning | 范宁 | DD-37 | 纽波特纽斯造船厂 | 1911 | 1919.2.11 | 1912.6.21 | 退役拆解 |
| Jarvis | 贾维斯 | DD-38 | 纽约造船厂 | 1911.7.1 | 1912.4.4 | 1912.10.22 | 退役拆解 |
| Henley | 亨雷 | DD-39 | 佛尔河船舶及引擎制造公司 | 1911 | 1912.4.3 | 1912.12.6 | 退役拆解 |
| Beale | 比尔 | DD-40 | 克雷普父子造船厂 | 1911.3.8 | 1912.4.30 | 1912.8.30 | 退役拆解 |
| Jouett | 朱厄特 | DD-41 | 巴斯钢铁厂 | 1911.3.7 | 1912.4.15 | 1912.3.24 | 退役拆解 |
| Jenkins | 詹金斯 | DD-42 | 巴斯钢铁厂 | 1911.3.24 | 1912.4.29 | 1912.6.15 | 退役拆解 |

| 基本技术性能 | |
| --- | --- |
| 基本尺寸 | 舰长 89.5 米，舰宽 8 米，吃水 2.9 米 |
| 排水量 | 标准 742 吨 / 满载 887 吨 |
| 最大航速 | 29.5 节 |
| 动力配置 | 4 座燃油锅炉，3 台燃气轮机，12000 马力 |
| 武器配置 | 5 × 76 毫米火炮，6 × 457 鱼雷发射管 |
| 人员编制 | 82 名舰员 +4 名军官 |

▲1918年涂装了迷彩的“保尔丁”号。

▲纽波特纽斯船厂下水的“罗”号，拍摄时间是1909年7月24日。

▼1911年左右的“泰利”号，注意该舰只有三根烟囱。

在恶劣海况下行驶的“麦哥”号，它看上去似乎马上就要倾覆了。

▲ 1915年左右的“沃灵顿”号，高大的舰艏下两名水兵似乎正在检查船身。

▼ 停靠在岸边的“梅兰”号，从这个角度看，其舰体较窄。

停靠状态下的“莫拉根”号，平静的海面上倒映出了军舰的轮廓。

▲ 正在建造的“瓦尔克”号，可以看到码头上堆放着大量的材料和物资。

▼ 涂有迷彩涂装的“范宁”号，这种迷彩在海面上具有不错的伪装效果。

▲ 1918年在法国发生碰撞事故后的“贾维斯”号，此时还保留了迷彩涂装。

▼ 1918年涂有迷彩涂装的“亨雷”号，舰体上的迷彩看上去很前卫。

## 大洋猎狼

一战爆发时，尽管当时的德国海军已经成为世界排名第二的海军力量，但是由于遭到了实力更加强大的英国皇家海军的封锁，大批战舰只能无所事事地停在港内。虽然有过日德兰海战这样惊天动地的大海战，但是却无法改变双方的战略态势。在封锁与对峙中，德国人发现了一种更具效率和杀伤力的海战武器，那就是潜艇。

一战中的德国潜艇获得了巨大的成功，无限制潜艇战击沉了大量船只，而这一政策也成为美国参战的直接原因之一。美国于1917年参战后，大批驱逐舰立即驶入北大西洋的交战海域，它们的任务是为商船提供反潜护航，确保这些船只能够安全到达处于战争中的英国。在这些参加反潜作战的美国驱逐舰中就有“保尔丁”级的“范宁”号（DD-37）和“奥布莱恩”级的“尼科尔森”号（DD-52）。

1917年11月17日，“范宁”号和“尼克尔森”号两艘驱逐舰所在的护航编队进入苏格兰西部靠近赫布里底群岛的海域，此时大家并不知道在平静的海面下潜藏着危险。为了保持队形，编队中的商船缓缓前进着，驱逐舰则在外围进行巡逻。就在不远处的海面下，正有一艘潜艇鬼魅般地监视着船队的行动，这就是德国海军的U-58号潜艇。U-58号潜艇在赫布里底群岛附近水域游弋了一段时间了，它就像一条饿狼一样随时准备扑向毫无防备的船队。在艇长的指挥下，U-58号悄悄接近船队，鱼雷发射管中的鱼雷时刻准备发射。

自从进入这片海域后，美国驱逐舰就已经进入了战斗状态，虽然之前没有与德国潜艇交过手，但是船员们保持着高昂的斗志。驱逐舰上的瞭望员们举着望远镜观察着海面上的动静。突然，“范宁”号上的瞭望员注意到

▲ 一艘浮潜状态下的德国潜艇驶过一艘美国商船，照片摄于美国参战前。

海面上有一道非常不自然的浪迹，循着浪迹，他发现了露出海面的潜望镜！

发现目标的“范宁”号立即拉响了战斗警报，它一边转向朝潜望镜所在的位置高速

▲ 一幅表现第一次世界大战中一艘德国潜艇驶过其击沉船只的绘画。

▼ “卢西塔尼亚”号的沉没使得美国政府对德国的无限制潜艇战提出了强烈的反对。

驶去，一边向不远处的“尼克尔森”号发出信号。开足马力的“范宁”号很快就达到了29节的全速，笔直的舰艏劈开海浪。在上下摇晃的驱逐舰上，水兵们向自己的战斗位置奔去，他们熟练地褪下炮衣，打开深水炸弹的保险，一切就像他们在演习中进行的一样。

就在两艘驱逐舰迅速展开的时候，海面下的U-58号发现了朝自己冲过来的“范宁”号。老练的德国艇长立即命令收起潜望镜并迅速下潜，他并没有把美国人放在眼里。尽管失去了目标，但是“范宁”号根据对潜望镜的观察计算出了潜艇的航速和航向。高速行驶的驱逐舰很快超越了德国潜艇，打头的“范宁”号立即向海中投下一串深水炸弹，很快在驱逐舰后面的海面上就出现了一个个白色的浪头，这是深水炸弹在水下爆炸后产生的。当“范宁”号完成攻击后，紧随其后的“尼克尔森”号也向可能存在德国潜艇的海域投下了不少深水炸弹。尽管没有立即发现德国潜艇被击中的痕迹，但是两艘驱逐舰不敢大意，它们开始在附近绕起圈来，随时准备对海面下的敌人进行补充攻击。

在美国驱逐舰下面，U-58号潜艇已经因为深水炸弹产生的冲击波而多处进水，其发动机也在震荡中停止了工作。进水的潜艇正在慢慢下沉，如果不采取措施，潜艇将会被海水压扁。在这种情况下，U-58号潜艇的艇长已经别无选择，为了潜艇上所有人员的生命安全，他最终命令紧急上浮。

海面上顿时泛起白色的浪花，那是潜艇放出的压舱水。很快，U-58号潜艇就浮出了海面，它现在的位置距离美国驱逐舰并不远。看到德国潜艇出现在海面上，“范宁”号和“尼克尔森”号立即围了上来。为了彻底瓦解对方继续抵抗的决心，两艘驱逐舰上的100毫米主炮几乎是同时开火，在潜艇周围立刻腾起了高高的水柱。很显然，驱逐舰的火力达到了效果，在U-58号的艇桥上出现了象征投降

▲ 一艘被鱼雷击中的商船，在第一次世界大战中潜艇展示了自身强大的破坏力。

▲ “范宁”号舰尾的深水炸弹，这是对付下潜状态下潜艇最有效的武器。

的白旗。

此时此刻，一个千载难逢的机会出现在两艘美国驱逐舰面前，如果能够趁此机会完整地俘获一艘德国潜艇，这将是巨大的成就。经过联络，全副武装的“范宁”号和“尼克尔森”号全速向U-58号潜艇驶来。看到快速靠近的驱逐舰，U-58号的艇长猜到了对手的意图，作为德国海军军官，他不能让潜艇和艇上的机密文件落入敌手，于是他下令打开了潜艇的通海阀门。当海水从底部涌入潜艇后，U-58号的艇员开始在甲板上集合准备弃艇。与此同时，已经赶到的“范宁”号和“尼克尔森”号也派出了救生艇搭救U-58号的艇员。最终U-58号潜艇还是沉没了，而美军也失去了俘获它的机会，不过包括艇长在内的39名艇员却成了美国海军的俘虏。

U-58号潜艇是美国海军在一战中击沉的第一艘潜艇，也是唯一一艘潜艇。包括“范宁”号和“尼克尔森”号在内的大批美国驱逐舰展开的反潜护航行动大大降低了商船的损失数量，它们为打破德国潜艇对英国封锁做出了重要的贡献。

▲ 被美军俘虏的**U-58**艇员，他们是第一次世界大战中唯一被美军俘虏的德国潜艇部队官兵。

## “卡辛”级(Cassin class)

“保尔丁”级服役之后，美国海军开始考虑在驱逐舰上安装更强大的武器系统，以接近“切斯特”级（Chester class）轻巡洋舰的水平。更强的火力势必会增加船体的重量，因此海军计划设计比之前驱逐舰大两倍的大型驱逐舰，“卡辛”级便是驱逐舰大型化的产物。

“卡辛”级与“保尔丁”级驱逐舰外形相似，也采用上下两层甲板设计，不过它的尺寸更大。在官方设计中，“卡辛”级有四门102毫米火炮，其中舰艏有一门、中轴两门、舰艉一门。除了火炮，“卡辛”级的鱼雷装载与发射能力被加强，舰上装有四座双联装鱼雷发射管，鱼雷齐射能力进一步提高。“卡辛”级安装了燃油锅炉，四台燃油锅炉连接着四根烟囱。尽管“卡辛”级上只安装了两座三段膨胀燃气轮机，但是输出功率达到16000马力，其最高航速超过29节。

1912年3月1日，“卡辛”级首舰“卡辛”号（DD-43）驱逐舰在巴斯钢铁厂开工建造，该级其他三艘分别在巴斯钢铁厂（DD-44），纽约造船厂（DD-45），佛尔河船舶及引擎制造公司（DD-46）建造。所有的“卡辛”级都在1912至1915年间下水并服役。

所有四艘“卡辛”级驱逐舰服役之后，一直在大西洋和加勒比海执勤。一战爆发后，远洋航行能力出色的“卡辛”级驱逐舰被派往大西洋参加护航任务。1917年10月15日，“卡辛”号在护航过程中发现了德国海军U-61号潜艇的潜望镜并随即展开追击，但是却被对方

▲ 正在巴斯钢铁厂建造的“甘明斯”号和“卡辛”号，从照片上看，两艘军舰正处于栖装中。

发射的鱼雷打成重伤。除了“卡辛”号，其他三艘“卡辛”级驱逐舰平安度过一战。

一战结束后，“卡辛”级全部成员都于1922年退役。1924年，“卡辛”号、“甘明斯”号及“道恩斯”号转入美国海岸警卫队服役，在美国禁酒令时期查处酒精走私。1934年，根据《伦敦海军条约》的规定，所有的“卡辛”级驱逐舰最终被出售拆解。

从美国海军驱逐舰的发展历史上看，“卡辛”级是第二代驱逐舰的第一个级别，同时也是第一级突破千吨的驱逐舰级别。虽然“卡辛”级驱逐舰的体积变大，火力变强，但是其航速和适航性都是不减反增的。“卡辛”级开启了美国海军的“千吨驱逐舰”时代，在它之后，美国海军又先后设计建造了“艾尔文”级、“奥布莱恩”级和“塔克”级。

| 舰名 | 译名 | 建造编号 | 建造船厂 | 开工日期 | 下水日期 | 服役日期 | 命运 |
|---|---|---|---|---|---|---|---|
| Cassin | 卡辛 | DD-43 | 巴斯钢铁厂 | 1912.3.1 | 1913.3.20 | 1913.6.9 | 退役拆解 |
| Cummings | 甘明斯 | DD-44 | 巴斯钢铁厂 | 1912.3.21 | 1913.8.6 | 1913.9.19 | 退役拆解 |
| Downes | 道恩斯 | DD-45 | 纽约造船厂 | 1912.6.27 | 1913.11.8 | 1915.2.11 | 退役拆解 |
| Duncan | 邓肯 | DD-46 | 佛尔河船舶及引擎制造公司 | 1912.6.17 | 1913.4.5 | 1913.8.30 | 退役拆解 |
| **基本技术性能** | | | | | | | |
| 基本尺寸 | 舰长 93 米，舰宽 9.25 米，吃水 3.12 米 | | | | | | |
| 排水量 | 标准 1020 吨 / 满载 1139 吨 | | | | | | |
| 最大航速 | 29.5 节 | | | | | | |
| 动力配置 | 4 座燃油锅炉，2 台燃气轮机，16000 马力 | | | | | | |
| 武器配置 | 4 × 102 毫米火炮，8 × 457 鱼雷发射管 | | | | | | |
| 人员编制 | 90 名舰员 +4 名上士 +4 名军官 | | | | | | |

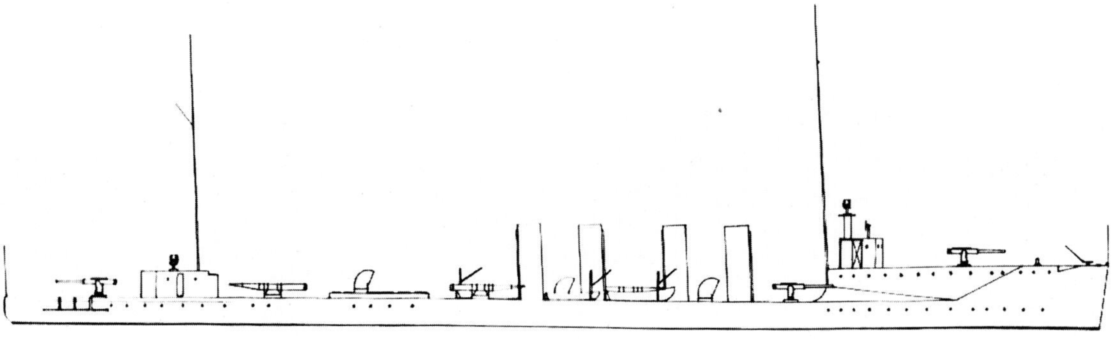

▲ 1913年“卡辛”号线图

▲ 与另一艘美国驱逐舰停泊在一起的“卡辛”号，它的前主桅很高。

▼ 航行中的“邓肯”号，虽然航速不高，但是烟囱中却冒出了浓重的黑烟。

1915年正在进行海试的“道恩斯”号，此时该舰还没有安装武器。

## “艾尔文”级(Aylwin class)

就在千吨级的“卡辛”级驱逐舰开始建造的同时，美国海军便开始了第二个级别的“千吨驱逐舰”的建造，这就是“艾尔文”级。

从设计上看，“艾尔文”级与“卡辛”级驱逐舰可以说是一模一样，其同样采用上下两层甲板设计。“艾尔文”级有四门102毫米火炮，其中舰艏有一门、中轴两门、舰艉一门。除了火炮，舰上装有四座双联装鱼雷发射管。与“卡辛”级不同的是，“艾尔文”级安装了两挺7.62毫米机枪以增强防空能力，其舰艉安装了两个深水炸弹发射架以增强反潜能力。“艾尔文”级安装了燃油锅炉，四台燃油锅炉连接着四根烟囱。“艾尔文”级上只安装了两座三段膨胀燃气轮机，但是输出功率达到16000马力，其最高航速超过29节。

1912年3月7日，“艾尔文”级首舰“艾尔文”号（DD-47）驱逐舰在克雷普父子造船厂开工建造，该级其他三艘（DD-48至DD-50）也同样是在克雷普父子造船厂建造的。所有的“艾尔文”级都在1912至1914年间下水并服役。

“艾尔文”级驱逐舰服役之后，一直在大西洋和加勒比海执勤。“艾尔文”号在1914年4月6日，因为意外发生爆炸引起火灾，2名船员死亡，该舰后被修复。一战爆发前的1916年10月，一艘英国货船在大西洋上被德国海军的U-53号潜艇击沉，接到求救信号的美国海军派出包括“艾尔文”号在内的多艘驱逐舰前去营救，其中“艾尔文”号成功救起了五名生还者。美国参战后，“艾尔文”级成为第一批前往大西洋执行护航任务的美国驱逐舰，期间它们与德国潜艇几度交手，不过战果不明。1917年9月，在执行任务中，“班汉”号驱逐舰与英国炮舰“百日草”号相撞几乎沉没，后被修复。

一战结束后，“艾尔文”级全部成员都于1921至1922年退役。1935年，根据《伦敦海军条约》的规定，所有的“艾尔文”级驱逐舰最终被出售拆解。“艾尔文”级是美国“千吨驱逐舰”的第二个级别，作为一种远洋大型驱逐舰，其在一战的护航作战中发挥了重要作用。

▲ 准备进港的“艾尔文”号。远处为美国海军几艘主力战列舰。

| 舰名 | 译名 | 建造编号 | 建造船厂 | 开工日期 | 下水日期 | 服役日期 | 命运 |
|---|---|---|---|---|---|---|---|
| Aylwin | 艾尔文 | DD-47 | 克雷普父子造船厂 | 1912.3.7 | 1912.11.23 | 1914.1.17 | 退役拆解 |
| Parker | 帕克 | DD-48 | 克雷普父子造船厂 | 1912.3.11 | 1913.2.8 | 1914.1.20 | 退役拆解 |
| Benham | 班汉 | DD-49 | 克雷普父子造船厂 | 1912.3.14 | 1913.3.22 | 1914.1.20 | 退役拆解 |
| Balch | 巴奇 | DD-50 | 克雷普父子造船厂 | 1912.5.7 | 1912.12.21 | 1914.3.26 | 退役拆解 |

| 基本技术性能 | |
|---|---|
| 基本尺寸 | 舰长 93 米，舰宽 9.25 米，吃水 2.87 米 |
| 排水量 | 标准 1036 吨 / 满载 1165 吨 |
| 最大航速 | 29.6 节 |
| 动力配置 | 4 座燃油锅炉，2 台燃气轮机，16286 马力 |
| 武器配置 | 4 × 102 毫米火炮，8 × 457 鱼雷发射管 ,2 × 7.62 毫米机枪 |
| 人员编制 | 90 名舰员 +8 名上士 +8 名军官 |

▲ 高速航行中的“帕克”号，此时只有2号和3号烟囱冒出黑烟。

## “奥布莱恩”级（O'Brien class）

1913年财政年度，美国国会通过了为海军拨款建造六艘驱逐舰的提案。新驱逐舰成为美国“千吨驱逐舰”的第三个级别，其整体设计直接来自于之前的“卡辛”级和“艾尔文”级。为了加强新型驱逐舰的攻击力，美国海军军备局(BuOrd)提出以更大威力的533毫米鱼雷代替之前的457毫米鱼雷，同时将鱼雷的装载数量提高到10枚。除了增强鱼雷，军备局还计划在舰艉甲板上安装两门甲板炮。经过讨论和实验，最终新型驱逐舰搭载八枚鱼雷，甲板炮没有被采用，这级鱼雷加强型驱逐舰就是“奥布莱恩”级。

从设计上看，“奥布莱恩”级与“卡辛”和“艾尔文”级驱逐舰相似，采用上下两层甲板设计。“奥布莱恩”级有四门102毫米火炮，其中舰艏有一门、中轴两门、舰艉一门。除了火炮，舰上装有四座双联装鱼雷发射管。一战开始后，为了增强反潜能力，所有“奥布莱恩”级驱逐舰的舰艉都安装了两个深水炸弹发射架。“奥布莱恩”级安装了四台燃油锅炉，四台燃油锅炉连接着四根烟囱。“奥布莱恩”级上只安装了两座三段膨胀燃气轮机，输出功率达到17000马力，其最高航速29节。

1913年9月8日，“奥布莱恩”级首舰“奥布莱恩”号（DD-51）驱逐舰在克雷普父子造船厂开工建造，该级其他五艘分别在克雷普父子造船厂（DD-52至DD-53）、巴斯钢铁厂（DD-54）、佛尔河船舶及引擎制造公司（DD-55）、纽约造船厂（DD-56）建造。所有的“奥布莱恩”级驱逐舰都在1913至1915年间下水并服役。

“奥布莱恩”级驱逐舰服役之后，一战已经爆发，该级驱逐舰一直在大西洋和加勒比海执勤。1916年10月，当一艘英国货船在大西洋上被德国海军U-53号潜艇击沉后，美国海军派出四艘“奥布莱恩”级驱逐舰和“艾尔文”级的“艾尔文”号驱逐舰前去营救，救起了遇难船只的大部分生还者。美国参战后，“奥布莱恩”级被派往大西洋执行反潜护航任务，战争中它们与德国潜艇多次交手，取得了不错的战果：1917年3月24日，“奥布莱恩”号在护航途中发现了德国海军U-16号潜艇的潜望镜，随即对其展开攻击并击伤了对方；1917年11月17日，“尼科尔森”号与“保尔丁”级的“范宁”号驱逐舰配合，成功俘虏了德国海军U-58号潜艇；1917年12年12日，在护航作战中，“库辛”号向德国海军U-104号潜艇连续发射了15枚深水炸弹，将对方击伤；1918年9月初，“尼科尔森”号与其他几艘驱逐舰护航一支船队时遭遇德国海军U-82号潜艇的攻击，“尼科尔森”号最终将德国潜艇驱离。

一战结束后，“艾尔文”级全部成员都于1922年退役。1924年，“麦道加”号和“艾立信”号两艘驱逐舰转入美国海岸警卫队，在美国禁酒令时期查处酒精走私。1934年，根据《伦敦海军条约》的规定，所有的“奥布莱恩”级驱逐舰最终被出售拆解。

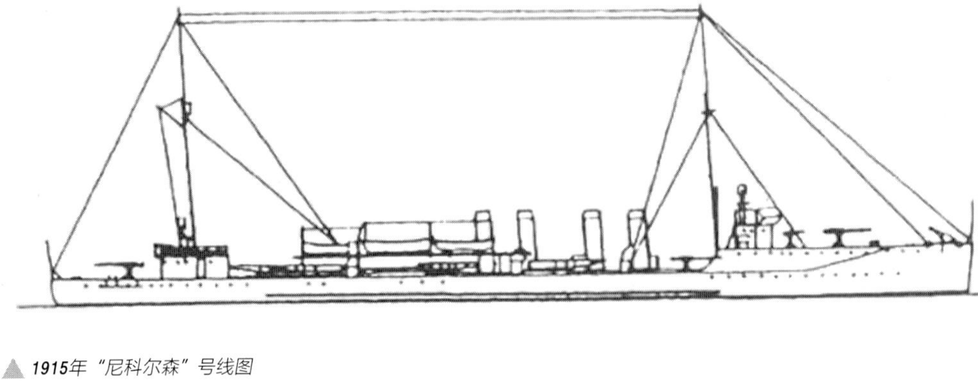

▲ 1915年“尼科尔森”号线图

“奥布莱恩”级是美国“千吨驱逐舰”的第三个级别，也是“千吨驱逐舰”中产量最多的级别之一。作为远洋大型驱逐舰，“奥布莱恩”级在一战中一直活跃在北大西洋上，为商船队保驾护航。“奥布莱恩”级驱逐舰在与德国潜艇的对抗中表现出色，它们是一战中美国海军驱逐舰的代表。

| 舰名 | 译名 | 建造编号 | 建造船厂 | 开工日期 | 下水日期 | 服役日期 | 命运 |
|---|---|---|---|---|---|---|---|
| O'Brien | 奥布莱恩 | DD-51 | 克雷普父子造船厂 | 1913.9.8 | 1914.7.20 | 1915.3.22 | 退役拆解 |
| Nicholson | 尼科尔森 | DD-52 | 克雷普父子造船厂 | 1913.9.8 | 1914.9.8 | 1914.10.19 | 退役拆解 |
| Winslow | 温斯洛 | DD-53 | 克雷普父子造船厂 | 1913.10.1 | 1915.2.1 | 1915.8.7 | 退役拆解 |
| McDougal | 麦克道格尔 | DD-54 | 巴斯钢铁厂 | 1913.7.29 | 1914.4.22 | 1914.3.26 | 退役拆解 |
| Cushing | 库辛 | DD-55 | 佛尔河船舶及引擎制造公司 | 1913.9.23 | 1915.1.15 | 1915.8.14 | 退役拆解 |
| Ericsson | 埃里克森 | DD-56 | 纽约造船厂 | 1913.11.10 | 1914.8.22 | 1915..8.14 | 退役拆解 |

| 基本技术性能 | |
|---|---|
| 基本尺寸 | 舰长 93 米，舰宽 9.47 米，吃水 2.9 米 |
| 排水量 | 标准 1050 吨 / 满载 1171 吨 |
| 最大航速 | 29 节 |
| 动力配置 | 4 座燃油锅炉，2 台燃气轮机，16286 马力 |
| 武器配置 | 4 × 102 毫米火炮，8 × 533 鱼雷发射管 |
| 人员编制 | 90 名舰员 +4 名上士 +8 名军官 |

▲ *1919年左右的“尼科尔森”号，它正在海面上巡航。*

▲ 1918年涂有迷彩涂装的“奥布莱恩”号，其前甲板上站满了船员。

▼ 海试中的“麦克道格尔”号，如此的浓烟已经具有了释放烟雾的效果。

▲ 高速海试中的“库辛”号，其舰桥部分还没有完工，可以看到钢筋框架里面的人员。

▼ 海试中的“埃里克森”号。

## “塔克”级(Tucker class)

1912年9月，美国海军总委员会要求海军军备局开始设计新一代驱逐舰。在设计上，海军要求新型驱逐舰上搭载四门102毫米火炮、六个533毫米鱼雷发射管及20枚水雷，此外最高航速可以达到35节。针对于海军的要求，海军军备局拿出了一个“超级驱逐舰”的方案，其舰长达到117米，排水量达到2190吨。“超级驱逐舰”的尺寸类似于1907年英国海军装备的“斯威夫特”号（HMS Swift），其体积上已经达到了当时美国海军装备驱逐舰的两倍。“超级驱逐舰”的造价达到了190万美元，远远高约“奥布莱恩”级79万美元的造价。

在对海军军备局设计方案的评估中，总委员会认为美国海军不但缺乏大型驱逐舰的制造和使用经验，同时这样的军舰已经失去了驱逐舰的一些功能。总委员会最后选定了一个建立在“奥布莱恩”级驱逐舰上的备选方案：火炮和鱼雷与“奥布莱恩”级相同，最高航速29.5海里，续航能力超过2500海里。1912年12月，海军部长批准了该方案，次年国会对该方案进行拨款。

从设计上看，“塔克”级是“奥布莱恩”级的大型化改进，其采用上下两层甲板设计。“塔克”级有四门102毫米火炮，其中舰艏有一门、中轴两门、舰艉一门。除了火炮，舰上装有四座双联装鱼雷发射管。一战开始后，为了增强反潜能力，所有“塔克”级驱逐舰的舰艉都安装了两个深水炸弹发射架。“奥布莱恩”级安装了四台燃油锅炉，四台燃油锅炉连接着四根烟囱。“奥布莱恩”级上只安装了两座三段膨胀燃气轮机，输出功率达到17000马力，其最高航速29.5节。

1914年11月9日，“塔克”级首舰“塔克”号（DD-57）驱逐舰在弗河造船厂开工建造，该级其他五艘分别在克雷普父子造船厂（DD-58至DD-59）、巴斯钢铁厂（DD-60）、纽约造船厂（DD-61至DD-62）建造的。所有的“塔克”级驱逐舰都在1914至1916年间下水并服役。

“塔克”级驱逐舰开始建造时，一战就已经爆发了，该级驱逐舰服役后便一直在大西洋和加勒比海执勤。1917年美国参战后，“塔克”级被派往大西洋执行反潜护航任

Destroyer's Chief

Lieut.-Commander H. D. BLACK

JACOB JONES CHIEF 'MY BOY' TO HIS DAD

He was Fine Sailor, says Father at Home in New Jersey

'Don't Cry, I'll be Happy,' Victim Told Parents

World War Losses

1 Destroyer Sunk in 1917

MARCH 7, 1942

LOSS OF THE USS JACOB JONES

▲ 当时报道“雅各布·琼斯”号被击沉消息的报纸剪报，左上方人物为舰长布拉克中尉。

务。在战争中，“塔克”级驱逐舰在大洋上与德国潜艇多次交手并蒙受了损失。1917年12月6日，“雅各布·琼斯”号在执行护航任务时被德国海军U-53号潜艇击沉，它也成为美国海军在一战中战损的第一艘驱逐舰。尽管U-53号潜艇将“雅各布·琼斯”号驱逐舰击沉，但是艇长汉斯·罗泽（Hans Rose）却指挥潜艇对生还者进行营救。

| 舰名 | 译名 | 建造编号 | 建造船厂 | 开工日期 | 下水日期 | 服役日期 | 命运 |
|---|---|---|---|---|---|---|---|
| Tucker | 塔克 | DD-57 | 弗河造船厂 | 1914.11.9 | 1915.5.4 | 1916.4.11 | 退役拆解 |
| Conyngham r | 康宁汉 | DD-58 | 克雷普父子造船厂 | 1914.7.27 | 1915.7.8 | 1916.1.21 | 退役拆解 |
| Porter | 波特 | DD-59 | 克雷普父子造船厂 | 1914.8.24 | 1915.8.26 | 1916.4.17 | 退役拆解 |
| Wadsworth | 华兹沃斯 | DD-60 | 巴斯钢铁厂 | 1914.2.23 | 1915.4.29 | 1915.7.23 | 退役拆解 |
| Jacob Jones | 雅各布·琼斯 | DD-61 | 纽约造船厂 | 1914.8.3 | 1915.5.29 | 1916.2.10 | 退役拆解 |
| Wainwright | 温莱特 | DD-62 | 纽约造船厂 | 1914.9.11 | 1915.6.12 | 1916..5.12 | 退役拆解 |

| 基本技术性能 | |
|---|---|
| 基本尺寸 | 舰长 96 米，舰宽 9.3 米，吃水 2.84 米 |
| 排水量 | 标准 1090 吨 / 满载 1205 吨 |
| 最大航速 | 29.5 节 |
| 动力配置 | 4 座燃油锅炉，2 台燃气轮机，17000 马力 |
| 武器配置 | 4 × 102 毫米火炮，8 × 533 鱼雷发射管 |
| 人员编制 | 90 名舰员 +4 名士官 +5 名军官 |

▲ 海试中的“塔克”号，虽然没有安装武器，但是前甲板主炮位置却安放了相应的配重。

1916年左右的“温莱特”号，该舰还没有完成最后的栖装。

## “桑普森”级（Sampson class）

1914年，一战爆发，尽管此时的美国还没有参战，但是已经感受到来自大洋另一面的压力。在这种情况下，美国海军要求建造新的驱逐舰，并且要求在火力上要强于之前的“塔克”级驱逐舰，于是“桑普森”级就这样诞生了。

从设计上看，“桑普森”级是“塔克”级的火力加强型，其采用上下两层甲板设计。“桑普森”级有四门102毫米火炮，其中舰艏有一门、中轴两门、舰艉一门。除了火炮，舰上装有四座三联装鱼雷发射管，使其鱼雷搭载量达到了12枚。为了增强对空防御能力，“桑普森”级驱逐舰上还安装了两门37毫米火炮。为了增强反潜能力，所有“塔克”级驱逐舰的舰艉都安装了两个深水炸弹发射架。“奥布莱恩”级安装了四台燃油锅炉，四台燃油锅炉连接着四根烟囱。“奥布莱恩”级上只安装了两座三段膨胀燃气轮机，输出功率达到17700马力，其最高航速29.5节。

▲“桑普森”级使用的低压涡轮机。

▼“艾伦”号上的乘员站在舰艏合影，可以看到该级舰装备的102毫米主炮。

1915年4月21日，“桑普森”级首舰“桑普森”号（DD-63）驱逐舰在弗河造船厂开工建造，该级其他五艘分别在巴斯钢铁厂（DD-65至DD-66）、克雷普父子造船厂（DD-67）、梅尔岛海军造船厂（DD-68）建造的。所有的“桑普森”级驱逐舰都在1915至1917年间下水并服役。

“桑普森”级驱逐舰建造之时美国参战已成定局，因此该级驱逐舰服役后一直在大西洋海域进行训练并参与中立海域的巡航。美国参战后，“桑普森”级被派往大西洋执行反潜护航任务。在护航中，尽管“桑普森”级驱逐舰多次与德国潜艇交手，但是并没有取得战绩，反而是“肖”号驱逐舰因为与一艘商船相撞而严重受损。

一战结束后，所有的“桑普森”级驱逐舰都于1922年前后退役，后来“戴维斯”号、“威尔克斯”号及“肖”号三艘驱逐舰转入美国海岸警卫队服役，在美国禁酒令时期查处酒精走私。1934至1936年间，根据《伦敦海军条约》的规定，除了“艾伦”号外的其他五艘“桑普森”级驱逐舰都被出售拆解。

就在同级姐妹舰被拆毁时，“艾伦”号却一直被作为训练舰使用，其在1940年再度服役，并被调入太平洋舰队。当1941年12月7日，日本偷袭珍珠港时“艾伦”号正在珍珠港内，不过其并未受损。太平洋战争爆发后，安装了新式反潜武器的“艾伦”号主要在夏威夷周围和美国西海岸进行反潜巡逻，同时负责培训新兵。二战结束后，“艾伦”号退役除籍，1946年被出售拆解。从服役到

1917年“桑普森”号线图

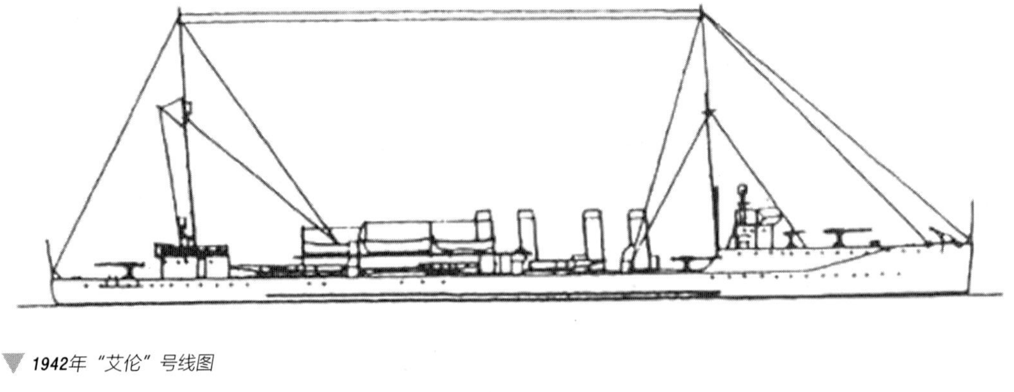

1942年“艾伦”号线图

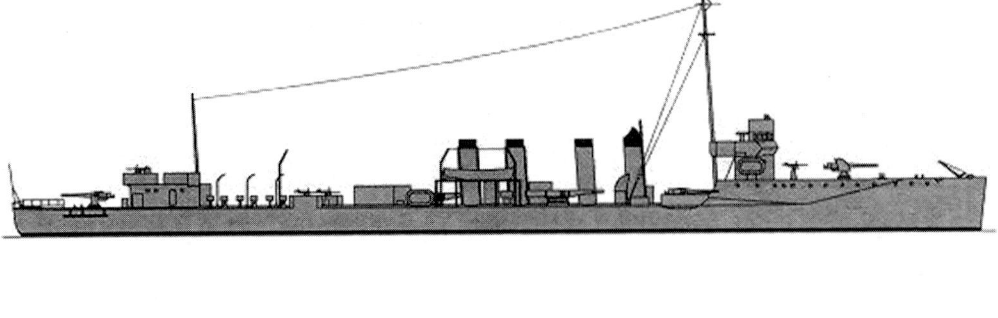

最终退役，“艾伦”号的服役期长达29年，它因此成为美国海军中服役时间最长的驱逐舰之一。

“桑普森”级驱逐舰是美国在参加一战前建造的最后一级驱逐舰，同时也是“千吨驱逐舰”的最后一个级别，它代表着美国海军第二代驱逐舰的终结。相比较其他“千吨驱逐舰”，“桑普森”级驱逐舰拥有最猛的火力和最强的动力，其代表了美国一战前驱逐舰发展的最高水平。

| 舰名 | 译名 | 建造编号 | 建造船厂 | 开工日期 | 下水日期 | 服役日期 | 命运 |
|---|---|---|---|---|---|---|---|
| Sampson | 桑普森 | DD-63 | 弗河造船厂 | 1915.4.21 | 1916.3.4 | 1916.6.27 | 退役拆解 |
| Rowam | 罗温 | DD-64 | 弗河造船厂 | 1915.5.10 | 1916.3.23 | 1916.8.22 | 退役拆解 |
| Davis | 戴维斯 | DD-65 | 巴斯钢铁厂 | 1915.5.7 | 1916.8.15 | 1916.10.5 | 退役拆解 |
| Allen | 艾伦 | DD-66 | 巴斯钢铁厂 | 1915.5.10 | 1916.12.5 | 1917.1.24 | 退役拆解 |
| Wilkes | 威尔克斯 | DD-67 | 克雷普父子造船厂 | 1915.3.11 | 1916.5.18 | 1916.11.10 | 退役拆解 |
| Shaw | 肖 | DD-68 | 梅尔岛海军造船厂 | 1916.2.7 | 1916.12.9 | 1917.4.9 | 退役拆解 |
| 基本技术性能 | | | | | | | |
| 基本尺寸 | 舰长 96 米，舰宽 9.3 米，吃水 3.3 米 | | | | | | |
| 排水量 | 标准 1110 吨 / 满载 1225 吨 | | | | | | |
| 最大航速 | 29.5 节 | | | | | | |
| 动力配置 | 4 座燃油锅炉，2 台燃气轮机，17696 马力 | | | | | | |
| 武器配置 | 4 × 102 毫米火炮，2 × 37 毫米火炮，12 × 533 鱼雷发射管 | | | | | | |
| 人员编制 | 90 名舰员 +4 名上士 +5 名军官 | | | | | | |

▲ *1916年左右的“戴维斯”号，可以看到其前甲板上除了安装有主炮，还有一门37毫米炮。*

## 禁酒令时期的美国驱逐舰

1919年1月16日，美国国会正式通过了第18宪法修正案。一年后的1920年1月16日，法案正式生效，这就是美国历史上著名的禁酒令。禁酒令规定人们不得公开饮酒，不同品种的酒精产品只有在规定的地方才能出售，不得向21岁以下人群出售酒精产品。

禁酒令开始实施之后，酒突然变成了紧俏商品，酒精的私下酿造、买卖和走私成为暴利的行业。许多犯罪组织正是通过酒精的买卖变得壮大起来，而酒精走私成为其中的重要途径。禁酒令时期最主要的酒精走私路线一条是从加拿大经五大湖从北部进入美国，另一条则是从法国的圣皮耶与密克隆群岛出发经东海岸进入美国。第二条路线主要通过海上走私，此时查处酒精走私的任务就落在了美国海岸警卫队（United States Coast Guard，缩写：USCG）身上。

面对当时走私贩五花八门的走私方式和数量众多、性能优良的快船，海岸警卫队显得力不从心，他们不得不向政府要求更好的装备。在这种情况下，美国政府决定将美国海军处于退役封存状态下的众多驱逐舰交给海岸警卫队使用。1924至1925年，总共有24艘驱逐舰被交给海岸警卫队，其中包括“保尔丁”级的“保尔丁”号（DD-22）、“罗”号（DD-24）、“泰利”号（DD-25）、“麦哥”号（DD-28）、“布洛士”号（DD-29）、“莫纳根”号（DD-32）、“特里普”号（DD-33）、“艾门”号（DD-35）、“柏德森”号（DD-36）、“范宁”号（DD-37）、“亨雷”号（DD-39）、“比尔”号（DD-40）、“朱厄特”号（DD-41）；“卡辛”级的“卡辛”号（DD-43）、“康明斯”号（DD-44）、“道恩斯”号（DD-45）；“奥布莱恩”级的“麦克道格尔”号（DD-54）、“艾利森”号（DD-56）；“塔克”级的“塔克”号（DD-57）、“康宁汉”号（DD-58）、“温莱特”号（DD-62）；“桑普森”级的“戴维斯”号（DD-65）、“威尔克斯”号（DD-67）、“肖”号（DD-68）。

海岸警卫队在接收了这些处于封存状态下的驱逐舰后立即对这些军舰进行保养维修，同时将舷号改为“CG-”。所有在驱逐舰上服役的海岸警卫队员都随舰接受了一段时间的航行训练和火炮操作训练，很快便形成了战斗力。装备了驱逐舰的美国海岸警卫队可谓是如虎添翼，他们驾驶着高速的驱逐舰在近海追捕那些偷运酒精的走私船，取得

▲ 舷号为CG-17的“保尔丁”号。

▲停泊在一起的CG-10“布洛士”号和CG-24“温莱特”号。

▼停泊在一起的CG-2“康宁汉”号和CG-9“比尔”号。

了不少成果。30年代初，海岸警备队中的驱逐舰开始逐渐退役。1933年12月8日，第18宪法修正案被撤销，持续了13年10个月19日17小时31分钟的禁酒令结束了，此时海岸警备队中的驱逐舰开始加速退役。到1934年，所有在海岸警卫队中服役的驱逐舰全部退役并再次被封存。也就是从1934年开始，根据《伦敦海军条约》的规定，这些驱逐舰全部被出售拆解。

| 舰名 | 译名 | 建造编号 | 海岸警卫队服役时间 | 海岸警卫队服役舷号 |
|---|---|---|---|---|
| Paulding | 保尔丁 | DD-22 | 1925-1930 | CG-17 |
| Roe | 罗 | DD-24 | 1925-1930 | CG-18 |
| Terry | 泰利 | DD-25 | 1925-1930 | CG-19 |
| McCall | 麦哥 | DD-28 | 1925-1930 | CG-14 |
| Burrows | 布洛士 | DD-29 | 1925-1931 | CG-10 |
| Monaghan | 莫纳根 | DD-32 | 1924-1931 | CG-15 |
| Trippe | 特里普 | DD-33 | 1924-1931 | CG-20 |
| Ammen | 艾门 | DD-35 | 1924-1931 | CG-8 |
| Patterson | 柏德森 | DD-36 | 1924-1930 | CG-16 |
| Fanning | 范宁 | DD-37 | 1924-1930 | CG-11 |
| Henley | 亨雷 | DD-39 | 1924-1931 | CG-12 |
| Beale | 比尔 | DD-40 | 1924-1930 | CG-9 |
| Jouett | 朱厄特 | DD-41 | 1924-1931 | CG-13 |
| Cassin | 卡辛 | DD-43 | 1924-1933 | CG-1 |
| Cummings | 康明斯 | DD-44 | 1924-1930 | CG-3 |
| Downes | 道恩斯 | DD-45 | 1924-1930 | CG-4 |
| McDougal | 麦克道格尔 | DD-54 | 1924-1933 | CG-6 |
| Ericsson | 艾利森 | DD-56 | 1924-1932 | CG-5 |
| Tucker | 塔克 | DD-57 | 1926-1933 | CG-23 |
| Conyngham | 康宁汉 | DD-58 | 1924-1933 | CG-2 |
| Wainwright | 温莱特 | DD-62 | 1924-1934 | CG-24 |
| Davis | 戴维斯 | DD-65 | 1926-1933 | CG-21 |
| Wilkes | 威尔克斯 | DD-67 | 1926-1934 | CG-25 |
| Shaw | 邵 | DD-68 | 1926-1933 | CG-22 |

## “考德威尔”级(Caldwell class)

1915年3月3日，美国国会授权建造六艘驱逐舰，授权中要求：新驱逐舰的航速必须超过30节，造价不超过92.5万美元，其中的三艘必须在太平洋沿岸的造船厂建造。新型驱逐舰被命名为“考德威尔”级。

从设计上看，“考德威尔”级与之前的“千吨驱逐舰”差别很大，其采用直通式单层甲板设计。“考德威尔”级有四门102毫米火炮，其中舰艏有一门、中轴两门、舰艉一门。除了主炮，“考德威尔”级上还有一门76毫米火炮和一门37毫米火炮，主要用于防空。“考德威尔”级上装有四座三联装鱼雷发射管，使其鱼雷搭载量达到了12枚。考虑到反潜能力，“考德威尔”级驱逐舰的舰艉都安装了两个深水炸弹发射架。“考德威尔”级安装了四台燃油锅炉，四台燃油锅炉连接着四根烟囱。“考德威尔”级上只安装了两座燃气轮机，输出功率达到20000马力，其最高航速可达30节。

1916年12月9日，“考德威尔”级首舰“考德威尔”号（DD-69）驱逐舰在梅尔岛海军造船厂开工建造，该级其他五艘分别在诺福克海军造船厂（DD-70）、西雅图造船及船坞公司（DD-71）、克雷普父子造船厂（DD-72至DD-73）、巴斯钢铁厂（DD-74）建造的。所有的“考德威尔”级驱逐舰都在1917至1920年间下水并服役。

除了“葛文”号，其他五艘“考德威尔”级驱逐舰都在1917至1918年间建成服役，当时美国已经卷入一战，这五艘驱逐舰被调往法国和爱尔兰海域执行护航反潜任务。在战争中，“考德威尔”级驱逐舰与德国潜艇虽有交战，不过没有取得战果。1918年，“曼利”号与英国“莫塔瓜”号（HMS Motagua）防护巡洋舰相撞，引爆舰上的深水炸弹，造成舰体严重损毁。“葛文”号由于服役较晚，最终只能在东海岸巡逻。

一战结束后，“考德威尔”级于1922年退役封存，其中“考德威尔”号和“葛文”号在1936年被出售拆解。1930年，“曼利”号驱逐舰重新服役并留在大西洋舰队中，西班牙内战时期，其曾经远赴地中海进行巡航。1938年，“曼利”号被改装成高速运输舰。太平洋战争爆发后，“曼利”号先后参加了包括瓜岛战役、所罗门群岛战役、马绍尔群岛战役、塞班岛战役、吕宋岛战役及冲绳战役在内的绝大多数著名战役，战争末期其又被改回驱逐舰，并安装靶机弹射器，训练水兵应付日本神风特攻队的自杀攻击。二战后，“曼利”号被除籍，并在1946年被出售拆解。凭借着自身的突出表现，“曼利”号在二战中共获得了五枚战斗之星及一次海军集体嘉奖勋表。

除了以上的三艘驱逐舰，“考德威尔”级的另外三艘驱逐舰“克雷文”号、“康纳”号及“史托顿”号在1940年根据《租借法案》移交给英国皇家海军，并被重新命名为“勒维斯”号（HMS Lewes G68）、“里兹”号（HMS Leeds G27）及“鲁德罗”号（HMS Ludlow G57）。在英国海军中服役的三艘“考德威尔”驱逐舰主要在北海执行护航任务，只有“勒维斯”号曾经在多个大洋上战斗。1945年，二战结束后，这三艘“考德威尔”级

▲宽敞明亮的厂房中，正在建造中的“克雷文”号使用的锅炉。

▼“斯托克顿”号舰艏的双联装102毫米主炮，后面的装填手正抱着炮弹准备装填。

▼“斯托克顿”号上的37毫米火炮，这种火炮主要是用来对付飞机的。

驱逐舰纷纷退役。

“考德威尔”级是“千吨驱逐舰”之后美国建造的第一级驱逐舰，也是美国在一战时期建造的第一级驱逐舰，其改变了之前美国驱逐舰上下甲板的设计，大大提高了航速的适航性。尽管“考德威尔”级驱逐舰建造数量不多，但是它的设计却成为后来“维克斯”级和“克莱蒙森”级驱逐舰的蓝本。在一定意义上讲，正是“考德威尔”级开启了美国第三代驱逐舰时代。

▼ 正在诺福克海军造船厂建造中的“克雷文”号，从照片中看，该舰正在准备下水仪式。

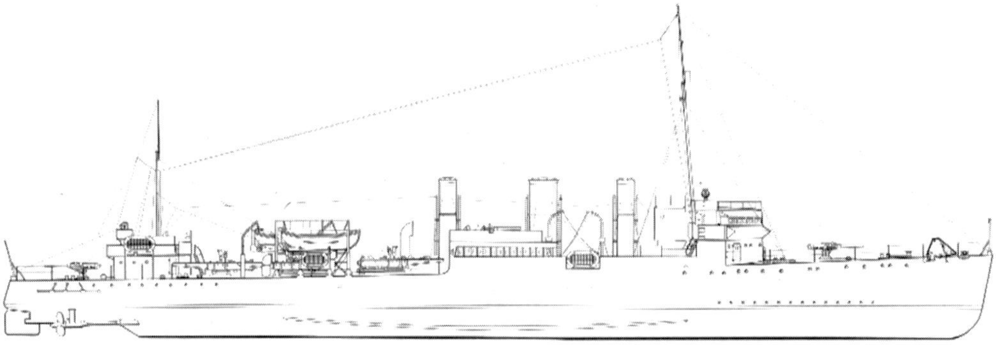

"考德威尔"号线图

| 舰名 | 译名 | 建造编号 | 建造船厂 | 开工日期 | 下水日期 | 服役日期 | 命运 |
|---|---|---|---|---|---|---|---|
| Caldwell | 考德威尔 | DD-69 | 梅尔岛海军造船厂 | 1916.12.9 | 1917.7.10 | 1917.12.1 | 退役拆解 |
| Craven | 克雷文 | DD-70 | 诺福克海军造船厂 | 1917.11.20 | 1918.6.29 | 1918.10.19 | 退役拆解 |
| Gwin | 葛文 | DD-71 | 西雅图造船及船坞公司 | 1917.6.21 | 1917.12.22 | 1920.3.18 | 退役拆解 |
| Conner | 康纳 | DD-72 | 克雷普父子造船厂 | 1916.10.16 | 1917.8.21 | 1918.1.12 | 退役拆解 |
| Stockton | 斯托克顿 | DD-73 | 克雷普父子造船厂 | 1916.10.16 | 1917.7.17 | 1917.11.26 | 作为靶舰击沉 |
| Manley | 曼利 | DD-74 | 巴斯钢铁厂 | 1916.822 | 1917.8.23 | 1917.10.15 | 退役拆解 |

| 基本技术性能 | |
|---|---|
| 基本尺寸 | 舰长 96 米，舰宽 9.53 米，吃水 3.5 米 |
| 排水量 | 标准 1050 吨 / 满载 1125 吨 |
| 最大航速 | 30-35 节 |
| 动力配置 | 4 座燃油锅炉，2 台燃气轮机，20000 马力 |
| 武器配置 | 4 × 102 毫米火炮，1 × 76 毫米火炮，12 × 533 鱼雷发射管 |
| 人员编制 | 146 名官兵 |

海试时的"葛文"号，其采用了三根烟囱的设计。

▲ 被改造成快速运输舰后在太平洋上航行的“曼利”号。

▼ 涂有迷彩涂装的“考德威尔”号，从烟走的方向看，其正面对来自左舷的风。

## “维克斯”级（Wickes class）

1914年，一战爆发后，虽然美国与德国并没有宣战，但是两国的关系越来越紧张，因此美国继续扩张其海军。为了保卫美国本土的太平洋和大西洋沿岸，美国国会于1916年通过了大规模的造舰拨款，计划建造10艘战列舰、6艘战列巡洋舰、10艘巡洋舰和50艘驱逐舰。为了进一步增强驱逐舰的反潜能力，美国设计了“维克斯”级和“克莱蒙森”级驱逐舰。

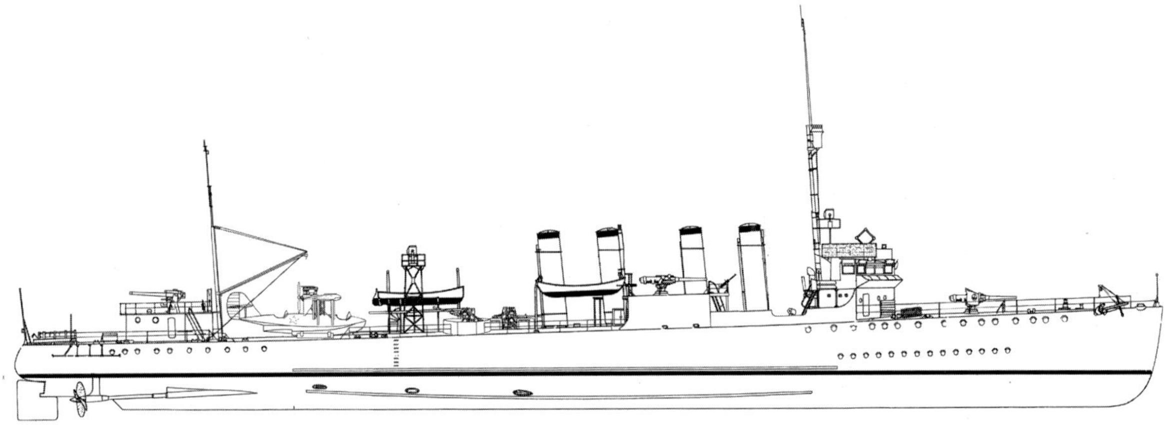

▲ “沃克”号驱逐舰线图

在新驱逐舰的设计中，不但要提高反潜能力，同时还要考虑到在大洋上跟上高速战列巡洋舰和巡洋舰的速度，此外还要保证可以在战时能够大批量生产。“维克斯”级是“考德威尔”级的改进型，它诞生于第一次世界大战最激烈的时期，当时美国根据英国海军的经验提出需要大型的、高速的、长续航力的驱逐舰。

“维克斯”级是典型的平甲板驱逐舰，它在“考德威尔”级的基础上进行了优化和改进。“维克斯”级有四门102毫米火炮，其中舰艏有一门、中轴两门、舰艉一门。除了主炮，“维克斯”级上还有一门用于防空的76毫米火炮。“维克斯”级上装有四座三联装鱼雷发射管，使其鱼雷搭载量达到了12枚。“维克斯”级特别设计了锥形舰艉，这样可以更好地安装深水炸弹发射架。“维克斯”级安装了四台燃油锅炉，四台燃油锅炉连接着四根烟囱。“维克斯”级上安装了两座燃气轮机，输出功率达到26000马力，其最高航速可达30节。

1917年6月26日，“维克斯”级首舰“维克斯”号（DD-75）驱逐舰在巴斯钢铁厂开工建造，该级其他110艘分别在巴斯钢铁厂

（DD-76至DD-78、DD-131至DD-134）、弗河造船厂（DD-79至DD-86、DD-95至DD-102、DD-161至DD-170）、联合钢铁厂（DD-87至DD-92、DD-103至DD-112、DD-171至DD-180）、梅尔岛海军造船厂（DD-93至DD-94、DD-136至DD-141）、克雷普父子造船厂(DD-113至DD-125)、纽波特纽斯造船厂（DD-119至DD-125、DD-181至DD-185）、纽约造船厂（DD-126至DD-130、DD-157至DD-160）建造，所有“维克斯”级驱逐舰都在1918至1921年间下水并服役。

由于是在美国参战之后才开始大规模建造，最终在一战结束前只有21艘“维克斯”级驱逐舰服役，它们主要执行反潜和护航任务。在一战结束前后，美国海军一共损失了两艘“维克斯”级驱逐舰，其中“德隆”号搁浅，“伍尔西”号被撞沉。一战结束后，大部分“维克斯”级驱逐舰建成并服役。14艘“维克斯”级驱逐舰在1920年被改装成轻型布雷舰（DM），6艘在1932年退役，4艘被改装成服役运输舰。在整个20世纪30年代，一共有23艘“维克斯”级驱逐舰被出售或因为意外沉没。40年代初，随着国际局势的紧张，那些退役封存的“维克斯”级驱逐舰再度服役，其中有16艘被改装成高速运输舰（APD），8艘被改装成驱逐扫雷舰（DMS）。为了适应新的任务，所有这些“维克斯”级驱逐舰的火炮都被换成了高平两用的76毫米炮，它们原来安装的102毫米火炮也没有浪费，都被装在了武装商船上。为了装载更多的人员和货物，“维克

▲在弗河造船厂同时建造的几艘“维克斯”级驱逐舰，这体现了美国强大的造船能力。

斯”级驱逐舰的锅炉仅保留了一半，这使其速度降低至25节。

“维克斯”级的“沃德”号驱逐舰是二战中打响第一炮的美国军舰，1941年12月7日清晨6时40分，在珍珠港外海执行反潜巡逻任务的“沃德”号击沉了一艘企图进入珍珠港

“塔贝尔”号的舰舯部特写。

▲ “维克斯”号的舰舯部特写，可以看到其烟囱的布置特色。

▼ “巴比特”号的舰艏特写，可以看到其**102**毫米主炮。

▲ 从“利特尔”号舰桥向下拍摄的照片，可以看到其舰艉的布置。

▲ “利特尔”号上的102毫米主炮，抱着102毫米炮弹真是个力气活。

▲ “金伯利”号左舷上的102毫米主炮，其完全没有防护。

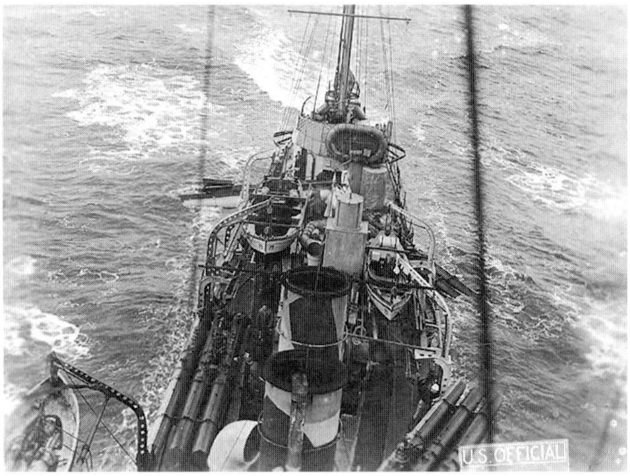


▲ “利特尔”号上的鱼雷发射管和救生艇，位于左舷的鱼雷发射管已经朝向大海。

▼ 现藏于明尼苏达州议会大厦外的“沃德”号102毫米主炮，正是这门炮在珍珠港打响了美国在二战中的第一炮。

▲ “以色列”号的舰艏武备，可以看到102毫米主炮和和12.7毫米防空机枪。

▼ “以色列”号的舰艉武备，可以看到102毫米主炮和深水炸弹发射器。

▲ “以色列”号上的鱼雷发射管，其采用了三联装的设计。

◀ “申克”号上的防空炮位，安装有厄利孔20毫米防空炮，照片拍摄于1943年9月7日。

的日本袖珍潜艇，虽然向上级发出了警报，但是“沃德”号没能阻止之后珍珠港惨剧的发生。在整个二战中，“维克斯”级驱逐舰履行着自己的职责也蒙受了不小的损失，一共有13艘被击沉。二战结束后，所有幸存下来的“维克斯”级驱逐舰都于1945至1947出售拆解。

除了在美国海军中服役，“维克斯”级驱逐舰也曾经在别国海军中服役。1940年9月2日根据著名的《驱逐舰换基地》协议，美国向英国提供了22艘“维克斯”级驱逐舰，向加

▲ 1914年通过巴拿马运河的几艘“维克斯”级驱逐舰，它们正在进行两洋调动。

▼ “以色列”号驱逐舰舰桥上的探照灯和信号设备。

▲ “拉德洛”号驱逐舰的舰桥特写，一名海军军官正在陪同来自陆军的人员参观。

▼ “利里”号驱逐舰上的雷达装备，照片拍摄于1937年4月。

拿大提供了5艘“维克斯”级驱逐舰。这27艘驱逐舰主要用于反潜护航，不过“布坎南”号（加入英国海军后改名为“坎贝尔镇”号）经过改装后于1942年3月参加了英国特种部队突袭法国圣纳泽尔大型船坞的行动，满载炸药的“布坎南”号撞击了船坞水闸并于第二天爆炸，共造成了360名德国官兵死亡。交换出去的“维克斯”级驱逐舰大部分幸存到战争结束，其中7艘还被英国转让给了前苏联，不过这些驱逐舰也在战争结束后纷纷退役。

“维克斯”级是继“考德威尔”级之后，美国在一战中建造的第二级驱逐舰，它也是美国第一级大批量建造的驱逐舰。“维克斯”级一共建造了111艘，成为美国海军历史上产

▲ 建造中的“华德”号，舰体周围搭满了木架子。

G1/1 侧视图
G1/2 俯视图
G1/3 侧视图（右侧）
G1/4 后视图

1 炮管
2 标尺
3 炮耳
4 升降操纵轮
5 升降传动齿轮
6 座椅支架
7 复进机构
8 座椅
9 复进机构
10 炮膛
11 炮尾
12 平台
13 瞄准具支架
14 辅助瞄准具
15 瞄准具支架
16 辅助操纵轮
17 史密斯–阿斯特伯里操作装置
18 辅助装置
19 升降装置

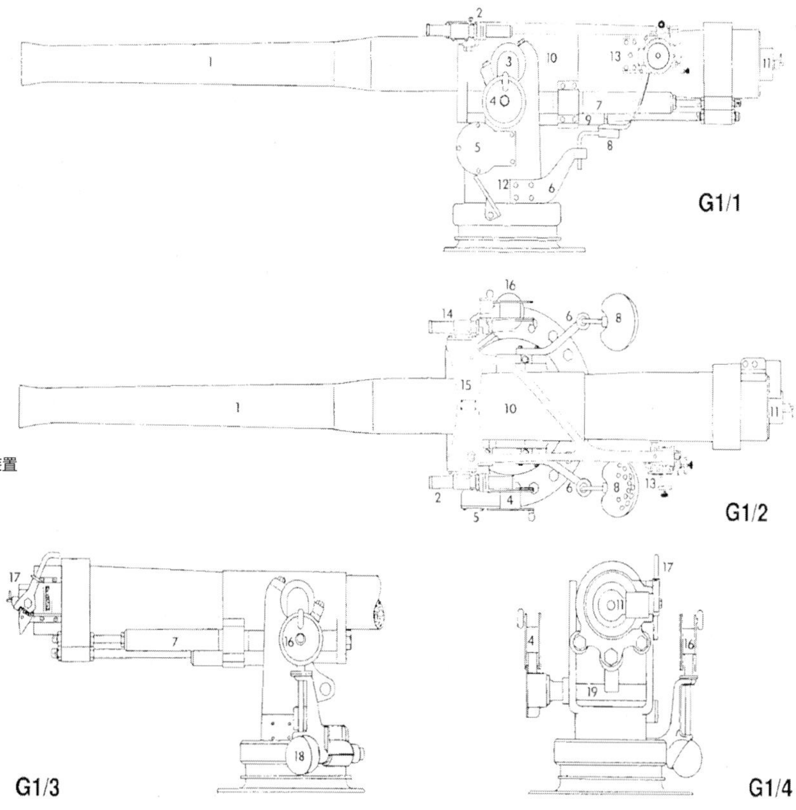


▲ 维克斯级使用的102毫米舰炮线图

G2/1 侧视图
G2/2 俯视图
G2/3 正视图

1 滑动炮尾
2 炮尾操作机构
3 升降弧形轮
4 复进机构
5 升降传动齿轮
6 手动锁
7 立架
8 炮耳

G3
G3/1 左视图
G3/2 前视图

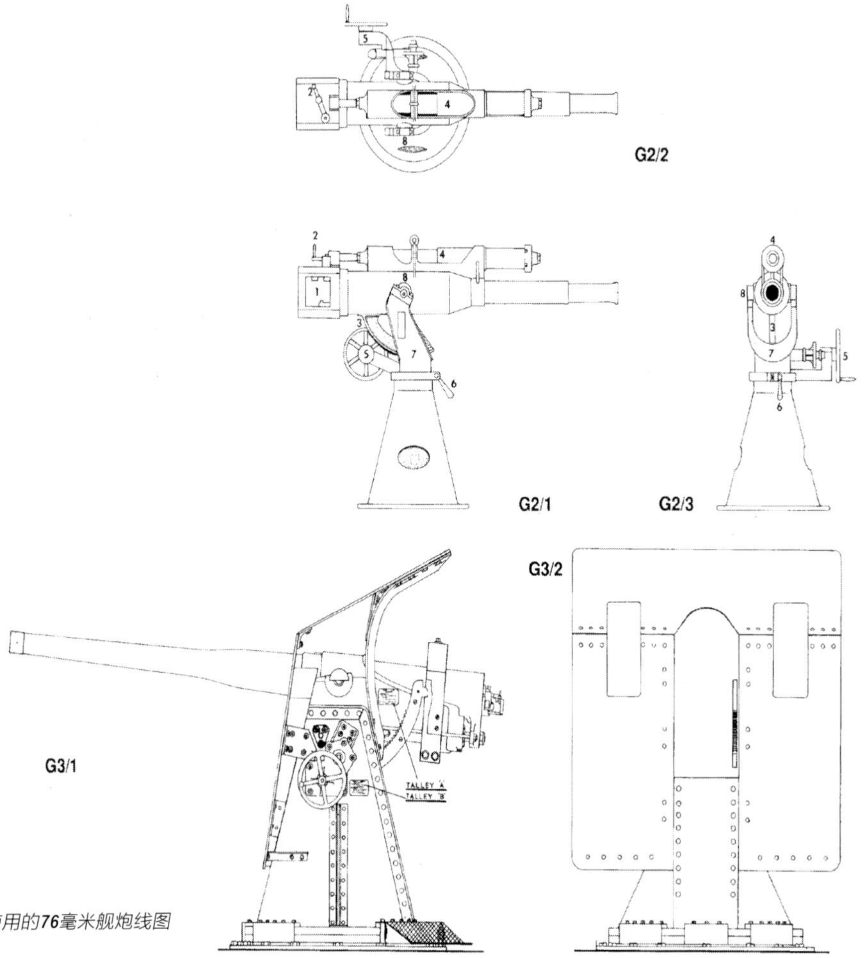


维克斯级使用的*76*毫米舰炮线图

G6 鱼雷发射管 比例1/32
G6/1 侧视图
G6/2 俯视图

1 尾部门
2 动力室?
3 发射管
4 支架（鞍状支架？）
5 平台
6 檐
7 檐外延
8 铰链
9 辅助座椅
10 辅助操作轮
11 辅助瞄准具

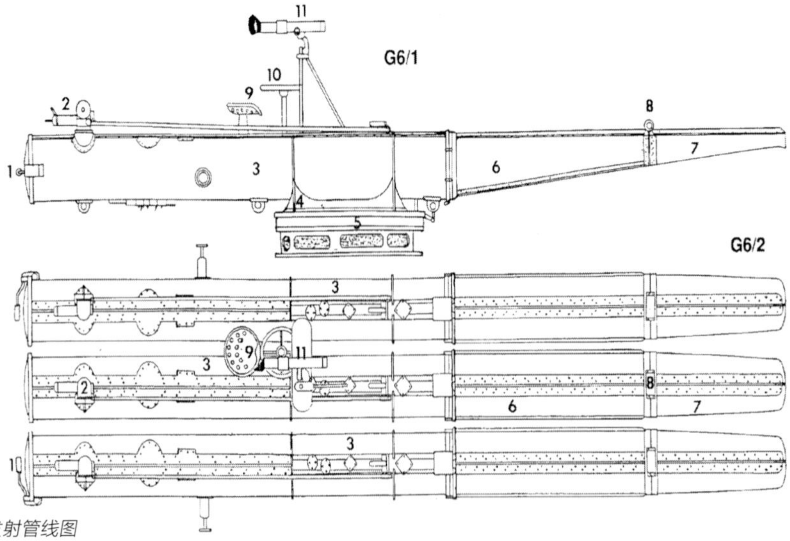


维克斯级使用的鱼雷发射管线图

量第五位的舰种，它的建造展示了美国巨大的工业产能，其中的“沃德”号仅仅用了15天时间就建造完成，创造了当时最快造船记录。尽管大部分“维克斯”级驱逐舰在一战后才建造完成，但相当数量的该级驱逐舰参加了二战，并在多个国家海军中服役，为反法西斯战争的胜利贡献了自己的力量。

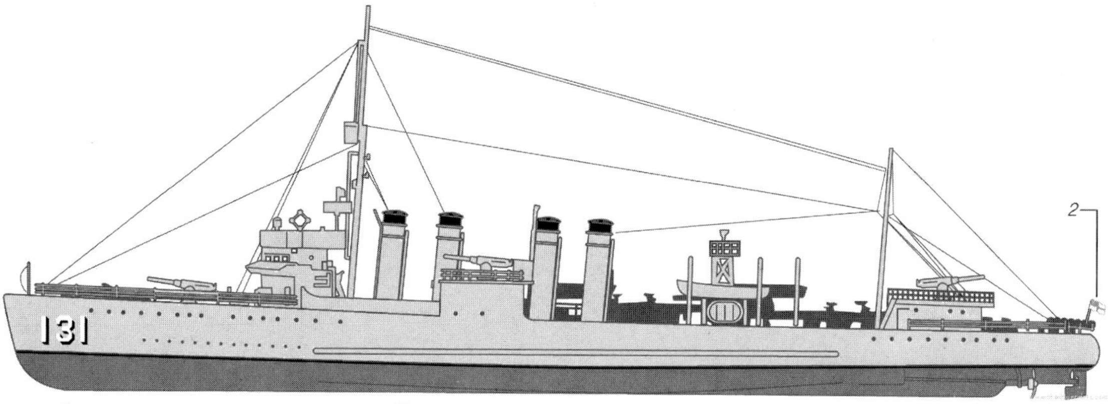


▲“布坎南”号线图

▼1918年“钱普林”号线图

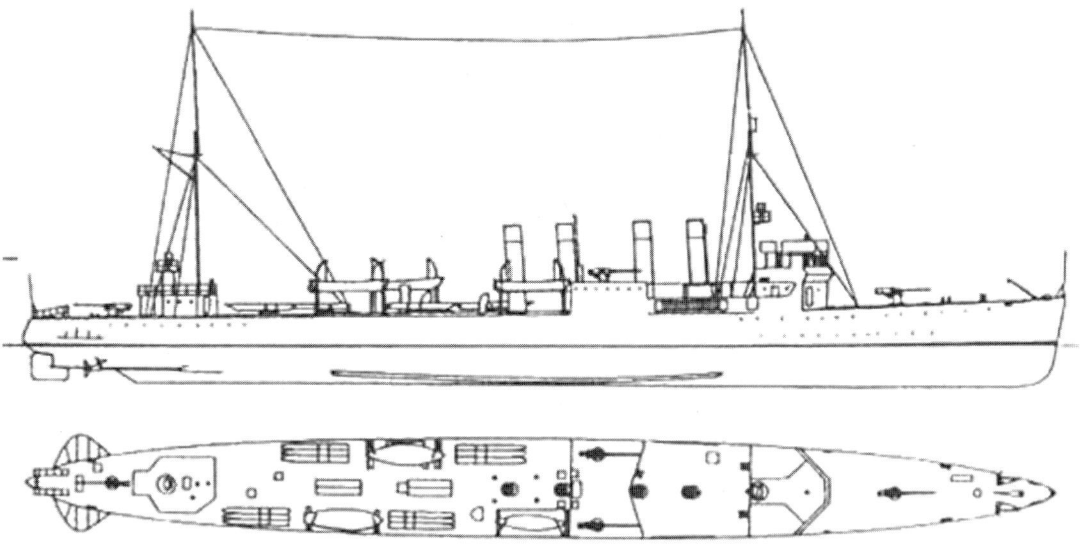

| 舰名 | 译名 | 建造编号 | 建造船厂 | 开工日期 | 下水日期 | 服役日期 | 命运 |
|---|---|---|---|---|---|---|---|
| Wickes | 维克斯 | DD-75 | 巴斯钢铁厂 | 1917.6.26 | 1918.6.25 | 1918.7.31 | 转让英国 |
| Philip | 菲利普 | DD-76 | 巴斯钢铁厂 | 1917.9.1 | 1918.7.25 | 1918.8.24 | 转让英国 |
| Woolsey | 伍尔西 | DD-77 | 巴斯钢铁厂 | 1917.11.1 | 1918.9.17 | 1918.9.30 | 1921 年意外沉没 |
| Evans | 伊文斯 | DD-78 | 巴斯钢铁厂 | 1917.12.18 | 1918.10.30 | 1918.11.11 | 转让英国 |
| Little | 利特尔 | DD-79 | 弗河造船厂 | 1917.6.18 | 1917.11.11 | 1918.4.6 | 1942 年 9 月 5 日被日军击沉 |
| Kimberly | 金伯利 | DD-80 | 弗河造船厂 | 1917.6.21 | 1917.12.14 | 1918.4.26 | 退役拆解 |
| Sigourney | 锡格尼 | DD-81 | 弗河造船厂 | 1917.8.25 | 1917.12.16 | 1918.5.15 | 转让英国 |
| Gregory | 格列高利 | DD-82 | 弗河造船厂 | 1917.8.25 | 1918.1.27 | 1918.6.1 | 1942 年 9 月 5 日被日军击沉 |
| Stringham | 史特林汉 | DD-83 | 弗河造船厂 | 1917.9.19 | 1918.3.30 | 1918.7.2 | 退役拆解 |
| Dyer | 戴耶 | DD-84 | 弗河造船厂 | 1917.9.26 | 1918.4.13 | 1918.7.1 | 退役拆解 |
| Colhoun | 古翰 | DD-85 | 弗河造船厂 | 1917.9.19 | 1918.2.21 | 1918.6.13 | 1942 年 8 月 30 日被日本击沉 |
| Stevens | 斯蒂文斯 | DD-86 | 弗河造船厂 | 1917.9.20 | 1918.1.13 | 1918.5.24 | 退役拆解 |
| Mckee | 麦基 | DD-87 | 联合钢铁厂 | 1917.10.29 | 1918.3.23 | 1918.9.7 | 退役拆解 |
| Robinson | 罗宾逊 | DD-88 | 联合钢铁厂 | 1917.10.31 | 1918.3.28 | 1918.10.19 | 退役拆解 |
| Ringgold | 灵高尔德 | DD-89 | 联合钢铁厂 | 1917.10.20 | 1918.4.14 | 1918.11.14 | 退役拆解 |
| Mckean | 麦基恩 | DD-90 | 联合钢铁厂 | 1918.2.12 | 1918.7.4 | 1919.2.25 | 1943 年 11 月 17 日被日军击沉 |
| Harding | 哈定 | DD-91 | 联合钢铁厂 | 1918.2.12 | 1918.7.4 | 1919.1.24 | 退役拆解 |
| Gridley | 格里德利 | DD-92 | 联合钢铁厂 | 1918.4.1 | 1918.7.4 | 1919.3.8 | 退役拆解 |
| Fairfax | 费尔法克斯 | DD-93 | 梅尔岛海军造船厂 | 1917.7.10 | 1917.12.15 | 1918.4.6 | 转让英国 |
| Taylor | 泰勒 | DD-94 | 梅尔岛海军造船厂 | 1917.10.15 | 1918.2.14 | 1918.6.1 | 退役拆解 |
| Bell | 贝尔 | DD-95 | 弗河造船厂 | 1917.11.6 | 1918.4.20 | 1918.7.31 | 退役拆解 |
| Stribling | 史特布林 | DD-96 | 弗河造船厂 | 1917.12.4 | 1918.5.29 | 1918.8.16 | 退役后作为靶舰击沉 |
| Murray | 梅利 | DD-97 | 弗河造船厂 | 1917.12.22 | 1918.6.8 | 1918.8.21 | 退役拆解 |

| Israel | 以色列 | DD-98 | 弗河造船厂 | 1917.12.22 | 1918.8.6.8 | 1918.8.21 | 退役拆解 |
|---|---|---|---|---|---|---|---|
| Luce | 鲁兹 | DD-99 | 弗河造船厂 | 1918.2.9 | 1918.6.29 | 1918.9.11 | 退役拆解 |
| Maury | 莫雷 | DD-100 | 弗河造船厂 | 1918.5.4 | 1918.7.4 | 1918.9.23 | 退役拆解 |
| Lansdale | 兰斯代尔 | DD-101 | 弗河造船厂 | 1918.4.20 | 1918.7.21 | 1918.10.26 | 退役拆解 |
| Mahan | 马汉 | DD-102 | 弗河造船厂 | 1918.5.4 | 1918.8.4 | 1918.10.24 | 退役拆解 |
| Schley | 雪利 | DD-103 | 联合钢铁厂 | 1917.10.29 | 1918.3.28 | 1918.9.20 | 退役拆解 |
| Champlin | 钱普林 | DD-104 | 联合钢铁厂 | 1917.10.31 | 1918.4.7 | 1918.11.11 | 退役拆解 |
| Mugford | 麦霍 | DD-105 | 联合钢铁厂 | 1917.12.30 | 1918.4.14 | 1918.11.25 | 退役拆解 |
| Chew | 丘 | DD-106 | 联合钢铁厂 | 1918.1.2 | 1918.5.26 | 1918.12.12 | 退役拆解 |
| Hazelwood | 黑泽尔伍德 | DD-107 | 联合钢铁厂 | 1917.12.24 | 1918.6.22 | 1919.2.20 | 退役拆解 |
| Williams | 威廉斯 | DD-108 | 联合钢铁厂 | 1918.3.25 | 1918.7.4 | 1919.3.1 | 转让英国 |
| Crane | 克兰 | DD-109 | 联合钢铁厂 | 1918.1.7 | 1918.7.4 | 1919.4.18 | 退役拆解 |
| Hart | 哈特 | DD-110 | 联合钢铁厂 | 1918.1.8 | 1918.7.4 | 1919.5.26 | 退役拆解 |
| Ingrahaml | 英格拉罕 | DD-111 | 联合钢铁厂 | 1918.1.12 | 1918.7.4 | 1919.5.15 | 退役拆解 |
| Ludlow | 拉德洛 | DD-112 | 联合钢铁厂 | 1918.1.7 | 1918.6.9 | 1918.12.23 | 退役拆解 |
| Rathburne | 拉斯伯恩 | DD-113 | 克雷普父子造船厂 | 1917.7.12 | 1917.12.27 | 1918.6.24 | 退役拆解 |
| Talbot | 塔尔博特 | DD-114 | 克雷普父子造船厂 | 1917.7.12 | 1918.2.20 | 1918.7.20 | 退役拆解 |
| Waters | 华特斯 | DD-115 | 克雷普父子造船厂 | 1917.7.26 | 1918.3.3 | 1918.8.8 | 退役拆解 |
| Dent | 登特 | DD-116 | 克雷普父子造船厂 | 1917.8.30 | 1918.3.23 | 1918.9.9 | 退役拆解 |
| Dorsey | 多西 | DD-117 | 克雷普父子造船厂 | 1917.9.18 | 1918.4.9 | 1918.9.16 | 搁浅后被炸毁 |
| Lea | 利 | DD-118 | 克雷普父子造船厂 | 1917.9.18 | 1918.4.29 | 1918.10.2 | 退役拆解 |
| Lamberton | 林巴顿 | DD-119 | 纽波特纽斯造船厂 | 1917.10.1 | 1918.3.30 | 1918 | 退役拆解 |
| 8.22 | 退役拆解 | DD-96 | 弗河造船厂 | 1917.12.4 | 1918.5.29 | 1918.8.16 | 退役后作为靶舰击沉 |
| Radford | 拉德福 | DD-120 | 纽波特纽斯造船厂 | 1917.10.2 | 1918.4.5 | 1918.9.30 | 退役后作为靶舰击沉 |

| | | | | | | | |
|---|---|---|---|---|---|---|---|
| Montgomery | 蒙哥马利 | DD-121 | 纽波特纽斯造船厂 | 1917.10.2 | 1918.3.23 | 1918.7.26 | 退役拆解 |
| Breese | 布利斯 | DD-122 | 纽波特纽斯造船厂 | 1917.11.10 | 1918.5.11 | 1918.10.23 | 退役拆解 |
| Gamble | 甘布尔 | DD-123 | 纽波特纽斯造船厂 | 1917.11.12 | 1918.5.11 | 1918.11.29 | 退役拆解 |
| Ramsay | 拉姆齐 | DD-124 | 纽波特纽斯造船厂 | 1917.12.21 | 1918.6.8 | 1919.2.15 | 退役拆解 |
| Tattnall | 塔特纳尔 | DD-125 | 纽波特纽斯造船厂 | 1917.12.1 | 1918.9.5 | 1919.6.26 | 退役拆解 |
| Badger | 白吉尔 | DD-126 | 纽约造船厂 | 1918.1.9 | 1918.8.24 | 1919.5.29 | 退役拆解 |
| Twiggs | 特维格 | DD-127 | 纽约造船厂 | 1918.1.23 | 1918.9.28 | 1919.7.28 | 转让英国 |
| Babbitt | 巴比特 | DD-128 | 纽约造船厂 | 1918.2.19 | 1918.9.30 | 1919.10.24 | 退役拆解 |
| Delong | 德隆 | DD-129 | 纽约造船厂 | 1918.2.21 | 1918.10.29 | 1919.9.20 | 搁浅后被出售拆解 |
| Jacob Jones | 雅各布·琼斯 | DD-130 | 纽约造船厂 | 1918.2.21 | 1918.11.20 | 1919.10.20 | 退役拆解 |
| Buchanan | 布坎南 | DD-131 | 巴斯钢铁厂 | 1918.6.29 | 1919.1.2 | 191911.14 | 转让英国 |
| Aaron Ward | 艾伦·华特 | DD-132 | 巴斯钢铁厂 | 1918.8.11 | 1919.4.10 | 1919.4.21 | 转让英国 |
| Hale | 海尔 | DD-133 | 巴斯钢铁厂 | 1918.10.7 | 1919.5.29 | 1919.6.12 | 转让英国 |
| Crowninshield | 克伦希尔德 | DD-134 | 巴斯钢铁厂 | 1918.11.5 | 1919.7.24 | 1919.8.6 | 转让英国 |
| Tillman | 提尔曼 | DD-135 | 查尔斯顿海军造船厂 | 1918.7.29 | 1919.7.7 | 1921.4.10 | 转让英国 |
| Boggs | 博格斯 | DD-136 | 梅尔岛海军造船厂 | 1917.11.15 | 1918.4.25 | 1918.9.23 | 退役拆解 |
| Kilty | 凯提 | DD-137 | 梅尔岛海军造船厂 | 1917.12.15 | 1918.4.25 | 1918.12.17 | 退役拆解 |
| Kennison | 肯尼逊 | DD-138 | 梅尔岛海军造船厂 | 1918.2.14 | 1918.6.8 | 1919.4.2 | 退役拆解 |
| Ward | 华德 | DD-139 | 梅尔岛海军造船厂 | 1918.5.15 | 1918.6.1 | 1918.7.24 | 1944 年 12 月 7 日<br>被日军击重创后自沉 |
| Claxton | 克雷克斯顿 | DD-140 | 梅尔岛海军造船厂 | 1918.4.25 | 1919.1.14 | 1919.9.313 | 转让英国 |
| Hamilton | 汉密尔顿 | DD-141 | 梅尔岛海军造船厂 | 1918.6.8 | 1919.1.15 | 1919.11.7 | 退役拆解 |
| Tarbell | 塔贝尔 | DD-142 | 克雷普父子造船厂 | 1917.12.31 | 1918.5.28 | 1918.11.27 | 退役拆解 |
| Yarnall | 雅诺 | DD-143 | 克雷普父子造船厂 | 1918.2.12 | 1918.6.19 | 1918.11.29 | 退役拆解 |
| Upshur | 厄普舍 | DD-144 | 克雷普父子造船厂 | 1918.2.19 | 1918.7.4 | 1918.12.23 | 退役拆解 |

| Greer | 格里尔 | DD-145 | 克雷普父子造船厂 | 1918.2.24 | 1918.8.1 | 1918.12.31 | 退役拆解 |
|---|---|---|---|---|---|---|---|
| Elliot | 艾略特 | DD-146 | 克雷普父子造船厂 | 1918.2.23 | 1918.7.4 | 1919.1.25 | 退役拆解 |
| Roper | 罗柏 | DD-147 | 克雷普父子造船厂 | 1918.3.19 | 1918.8.17 | 1919.2.15 | 退役拆解 |
| Breckinridge | 布雷肯里奇 | DD-148 | 克雷普父子造船厂 | 1918.3.11 | 1918.8.17 | 1919.2.27 | 退役拆解 |
| Barney | 巴尼 | DD-149 | 克雷普父子造船厂 | 1918.3.26 | 1918.9.5 | 1919.3.14 | 退役拆解 |
| Blakeley | 布莱克利 | DD-150 | 克雷普父子造船厂 | 1918.3.26 | 1918.9.19 | 1919.5.8 | 退役拆解 |
| Biddle | 比德尔 | DD-151 | 克雷普父子造船厂 | 1918.4.22 | 1919.10.3 | 1919.4.22 | 退役拆解 |
| Du Pont | 杜邦 | DD-152 | 克雷普父子造船厂 | 1918.5.2 | 1918.10.22 | 1919.4.30 | 退役拆解 |
| Bernadou | 伯纳度 | DD-153 | 克雷普父子造船厂 | 1918.6.4 | 1918.11.7 | 1919.5.19 | 退役拆解 |
| Ellis | 艾利斯 | DD-154 | 克雷普父子造船厂 | 1918.7.8 | 1918.11.20 | 1919.6.7 | 退役拆解 |
| Cole | 高尔 | DD-155 | 克雷普父子造船厂 | 1918.6.25 | 1919.1.11 | 1919.6.19 | 退役拆解 |
| J. Fred Talbott | J·弗雷德·塔尔博特 | DD-156 | 克雷普父子造船厂 | 1918.7.8 | 1918.12.14 | 1919.6.30 | 退役拆解 |
| Dickerson | 迪克森 | DD-157 | 纽约造船厂 | 1918.5.25 | 1919.3.12 | 1919.9.3 | 退役拆解 |
| Leary | 利里 | DD-158 | 纽约造船厂 | 1918.3.6 | 1918.12.8 | 1919.12.5 | 1943 年 12 月被德国 U-275 号潜艇被击沉 |
| Schenck | 申克 | DD-159 | 纽约造船厂 | 1918.3.26 | 1919.4.23 | 1919.10.30 | 退役拆解 |
| Herbert | 赫伯特 | DD-160 | 纽约造船厂 | 1918.4.9 | 1919.5.8 | 1919.11.21 | 退役拆解 |
| Palmer | 帕尔默 | DD-161 | 弗河造船厂 | 1918.5.29 | 1918.8.18 | 1918.11.22 | 1945 年 1 月被日军击沉 |
| Thatcher | 戴卓尔 | DD-162 | 弗河造船厂 | 1918.6.8 | 1918.8.31 | 1919.1.14 | 退役拆解 |
| Walker | 沃克 | DD-163 | 弗河造船厂 | 1918.6.19 | 1918.9.14 | 1919.1.31 | 1941 年 12 月 28 日被己方击沉 |
| Crosby | 克罗斯比 | DD-164 | 弗河造船厂 | 1918.6.23 | 1918.9.28 | 1919.1.24 | 退役拆解 |
| Meredith | 梅雷迪斯 | DD-165 | 弗河造船厂 | 1918.6.26 | 1918.9.22 | 1919.1.29 | 退役拆解 |
| Bush | 布什 | DD-166 | 弗河造船厂 | 1918.7.4 | 1918.10.27 | 1919.2.19 | 退役拆解 |
| Cawell | 高维尔 | DD-167 | 弗河造船厂 | 1918.7.15 | 1918.11.23 | 1919.3.17 | 转让英国 |
| Maddox | 马多克斯 | DD-168 | 弗河造船厂 | 1918.7.20 | 1918.10.27 | 1919.3.10 | 转让英国 |

| Foote | 富特 | DD-169 | 弗河造船厂 | 1918.8.7 | 1918.12.14 | 1919.3.21 | 转让英国 |
|---|---|---|---|---|---|---|---|
| Kalk | 科克 | DD-170 | 弗河造船厂 | 1917.3.4 | 1918.12.21 | 1919.3.29 | 转让英国 |
| Burns | 伯恩斯 | DD-171 | 联合钢铁厂 | 1918.4.15 | 1918.7.4 | 1919.8.7 | 退役拆解 |
| Anthony | 安东尼 | DD-172 | 联合钢铁厂 | 1918.4.18 | 1918.8.10 | 1919.6.19 | 1936 年 12 月 1 日被己方击沉 |
| Sproston | 斯普洛斯敦 | DD-173 | 联合钢铁厂 | 1918.4.20 | 1918.8.10 | 1919.7.12 | 1936 年 12 月 1 日被己方击沉 |
| Rizal | 里扎尔 | DD-174 | 联合钢铁厂 | 1918.6.26 | 1918.9.21 | 1919.5.28 | 退役拆解 |
| Mackenzie | 马克肯齐 | DD-175 | 联合钢铁厂 | 1918.7.4 | 1918.8.29 | 1919.7.25 | 退役拆解 |
| Renshaw | 伦肖 | DD-176 | 联合钢铁厂 | 1918.5.8 | 1918.9.21 | 1919.7.31 | 退役拆解 |
| O'Bannon | 欧班农 | DD-177 | 联合钢铁厂 | 1918.11.12 | 1919.2.28 | 1919.8.27 | 退役拆解 |
| Hogan | 霍根 | DD-178 | 联合钢铁厂 | 1918.11.25 | 1919.4.12 | 1919.10.1 | 1945 年被作为靶舰击沉 |
| Howard | 霍华德 | DD-179 | 联合钢铁厂 | 1918.12.9 | 1919.4.26 | 1920.1.29 | 退役拆解 |
| Stansbury | 史坦贝尔 | DD-180 | 联合钢铁厂 | 1918.12.9 | 1919.5.16 | 1920.1.8 | 退役拆解 |
| Hopewell | 霍普维尔 | DD-181 | 纽波特纽斯造船厂 | 1918.1.19 | 1918.6.8 | 1919.3.22 | 转让英国 |
| Thomas | 托马斯 | DD-182 | 纽波特纽斯造船厂 | 1918.3.23 | 1918.7.4 | 1919.4.25 | 转让英国 |
| Haraden | 哈拉登 | DD-183 | 纽波特纽斯造船厂 | 1918.3.20 | 1918.7.4 | 1919.6.7 | 转让英国 |
| Abbot | 阿博特 | DD-184 | 纽波特纽斯造船厂 | 1918.4.5 | 1918.7.4 | 1919.7.19 | 转让英国 |

| 基本技术性能 | |
|---|---|
| 基本尺寸 | 舰长 95.8 米，舰宽 9.43 米，吃水 2.75 米 |
| 排水量 | 标准 1154 吨 / 满载 1247 吨 |
| 最大航速 | 35 节 |
| 动力配置 | 4 座燃油锅炉，2 台燃气轮机，26000 马力 |
| 武器配置 | 4 × 102 毫米火炮，1 × 76 毫米火炮，12 × 533 鱼雷发射管 |
| 人员编制 | 100 名官兵 |

▲ 1920年代的“维克斯”号，该舰是典型的平甲板驱逐舰。

▼ 下水后不久的“菲利普”号，此时还没有完成全部的建造工作。

▲ 一战后的“锡格尼”号，舰艏一侧“81”的舷号非常显眼。

▲ 停泊在关塔那摩附近的“罗宾逊”号，“88”的舷号很显眼。

▼ 1919年停泊在波士顿的“史特林汉”号，它的背后停着一艘大帆船。

▲1919年的“哈定”号，旁边应是一架发生事故坠海的水上飞机。

▲停泊在水城威尼斯的“史特布林”号。

▼静静停泊在海面上的“梅利”号。

▲ 驶入港口的“威廉斯”号，其舰体中部有好几艘高高挂起的救生艇。

▲ 停泊在威尼斯的“鲁兹”号，一些水兵站在前甲板上望向摄影师。

▼ 停泊状态下的“莫雷”号，其有着“100”的舷号。

▲1920年代的“钱普林”号。

▲停泊状态下的“马汉”号，其舰体后部装满了水雷。

▼停泊在加利福尼亚圣佩德罗美国海军潜艇基地的“雪利”号。

▲建成后不久的“哈特”号，桅杆上挂满了彩旗。

▲1920年代靠港的“英格拉罕”号，其舷号为“111”。

▼停泊状态下的“拉斯伯恩”号，其舷号下方有些掉漆了。

▲1920年代的“拉德洛”号，舰体中部搭起了凉棚。

▼停泊状态下的“塔尔博特”号，其舰桥上方安装了护围，看上去很高大。

▲ 停泊状态下的“华特斯”号。

▲ 正在施放烟幕的“利”号。

▼ 航行中的“多西”号，部分船员集中到了前甲板上。

涂有迷彩涂装的“登特”号，其“*116*”的舷号标在了舰体护围上。

▲1922年位于圣迭戈的“拉德福”号，在该舰后面还停泊着许多友舰。

▼航行中的“蒙哥马利”号，舰艏底部的防锈漆在起伏的海浪中露了出来。

▲停泊中的“布利斯”号，在它身后可以隐约看到战列舰的桅杆。

▲停泊在圣迭戈的“甘布尔”号。

▼1939年航行中的“拉姆齐”号。

1945年涂有迷彩涂装的“白吉尔”号，它正从一座大桥下缓缓驶过。

▲ *1942年刚刚经过修复的“凯提”号，可以看到其保留了前主炮和部分鱼雷发射管。*

▼ *1917年建成不久的“肯尼逊”号。*

▼ *停泊在旧金山的“布坎南”号，旁边是姊妹舰“艾伦·华特”号。“布坎南”号后来加入英国皇家海军，重新命名为“坎贝尔城”号，因其参与了对诺曼底船坞的突袭的作战经历成为一代名舰。*

▲ 1918年左右的“华德”号，直线形的色块迷彩很有特色。

▼ 1939年4月停泊在纽约港外的“克雷克斯顿”号。

**1939**年左右行驶在纽约的“汉密尔顿”号，请注意此张上色照片上“汉密尔顿”号只有三根烟囱，这是因为其中一台锅炉被拆走进行实验。

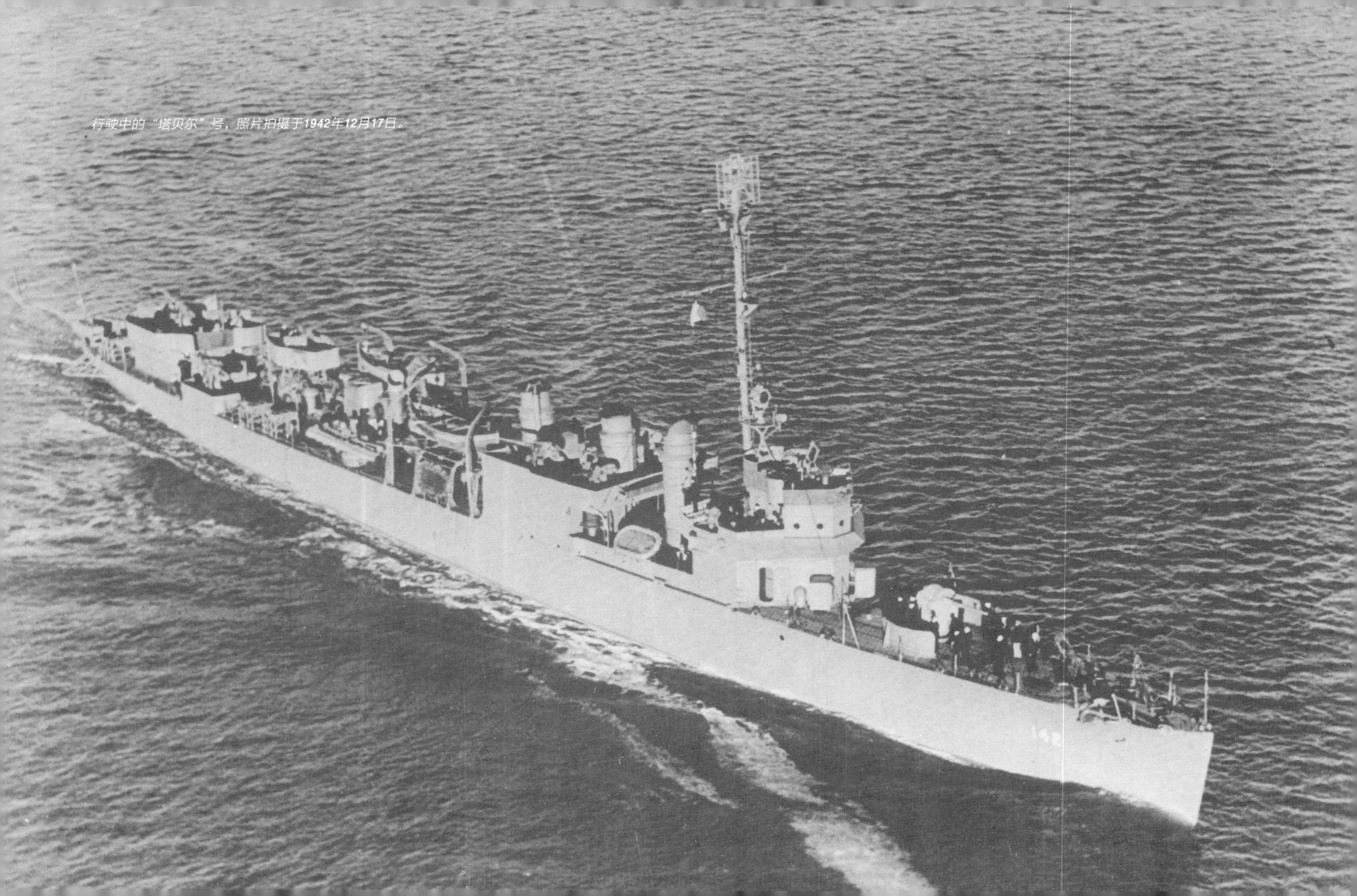



行驶中的“塔贝尔”号，照片拍摄于1942年12月17日。

涂有迷彩涂装的“格里尔”号，此时该舰已经接受了改造。

1942年时的“巴尼”号。

驶离查尔斯顿海军船厂的“布雷肯里奇”号。

1943年时的“比德尔”号，身后有一艘海军拖轮跟随。

▲停泊在圣迭戈的“罗柏”号。

▼驶过纽约布鲁克林大桥的“艾利斯”号。

1943年时的“伯纳度”号，主桅上挂着一面法国国旗。

1943年时的“高尔”号，舰艉上的76毫米炮炮管高高地抬了起来。

1943年时的"J·弗雷德·塔尔博特"号，阳光在海面上留下它粗壮的影子。

▲ 与一艘商船停靠在一起的“阿博特”号。

▲ 停泊状态下的“申克”号，海面上清楚地倒映出了其浅色的船身。

▼ 1919年位于纽约的“克罗斯比”号。

▲ 建成后不久的“戴卓尔”号。

▲ 1920年代停泊状态下的“高维尔”号。

▼ 1920年准备入港的“马多克斯”号。

1924年左右的“伯恩斯”号，舰体后部搭载了水雷。

1920年代的“伦肖”号，其头顶的天空中有大量的飞机。

停泊在夏威夷的“欧班农”号，不远处的山顶已经被雾气笼罩了。

▲ 1920年代的“霍根”号。

▲ 航行中的“霍华德”号，3号和4号烟囱冒出了黑烟。

▼ 1919年的“史坦贝尔”号。

## “克莱蒙森”级（Clemson class）

“克莱蒙森”级驱逐舰的研制同样来自于一战爆发后美国国会的大规模造舰计划，海军方面要求其拥有比“维克斯”级更出色的远洋性能，同时又要保持同样的火力和反潜能力。

与“维克斯”级一样，“克莱蒙森”级是典型的平甲板驱逐舰。在官方设计中，“克莱蒙森”级有四门102毫米火炮，其中舰艏有一门、中轴两门、舰艉一门。除了主炮，“克莱蒙森”级上还有一门用于防空的76毫米火炮。“克莱蒙森”级上装有四座三联装鱼雷发射管，使其鱼雷搭载量达到了12枚。“克莱蒙森”级同样拥有锥形舰艉，这样可以更好地安装深水炸弹发射架，但是却增大了军舰的转弯半径。“克莱蒙森”级安装了四台燃油锅炉，四台燃油锅炉连接着四根烟囱。“克莱蒙森”级上安装了两座燃气轮机，输出功率达到27600马力，其最高航速可达35节。与“维克斯”级相比，“克莱蒙森”级燃油储量增加了35%，航程更远，几乎达到了5000海里。

1918年3月11日，“克莱蒙森”级的首舰“克莱蒙森”号（DD-186）驱逐舰在纽波特纽斯造船厂开工建造，该级其他155艘分别在纽波特纽斯造船厂（DD-187至DD-199、DD-206）、克雷普父子造船厂（DD-207至DD-230）、纽约造船厂（DD-231至DD-251）、伯利恒造船厂（DD-252至DD-335）、梅尔岛海军造船厂（DD-336至DD-341）、诺福克海军造船厂（DD-343至DD-344）和巴斯钢铁厂（DD-345至DD-347）建造。在具体建造的武器安装上，“哈维”号和“朗”号在每个主炮炮位上都安装了双联装的102毫米炮，其主炮数量升至8门；而“哈特福德”号、“布鲁克斯”号、“吉尔默”号、“福克斯”号及“凯恩”号则以127毫米主炮替代了设计安装的102毫米主炮。所有“克莱蒙森”级驱逐舰都在1918至1922年间下水并服役。

▲船台上的“苏哈德”号，可以观察该级舰的船体特征。

▲“布鲁姆”号上的双联装主炮，可以看到左右两侧的炮手座椅。

▶ 船坞中的“麦科米克”号，可以看到舰体两侧的鱼雷发射装置。

▲“波普”号舰艏的主炮，装填手正在将一枚炮弹装入炮膛。

▲现今保存在达尔文市的“皮里”号主炮。

▼“法拉古特”号鱼雷发射瞬间。

尽管“克莱蒙森”级驱逐舰是美国参战后开始大规模建造的第二级驱逐舰，但是由于战争比预想的要顺利，因此当第一艘“克莱蒙森”级驱逐舰服役时，一战已经结束了。虽然没有了战争时期的急迫需求，但是除了从DD-200至DD-205六艘驱逐舰停工外，绝大部分“克莱蒙森”级驱逐舰仍然先后建成服役。建成后的“克莱蒙森”级驱逐舰，主要在太平洋和大西洋两支舰队服役。

▲“约翰·D·爱德华”号各部位特写。

◀ "斯托德特"号烟囱部位特写。

▼ "与"黑鹰"号驱逐舰补给舰停泊在烟台海域的几艘"克莱蒙森"级驱逐舰，分别是"皮斯伯里"号、"波普"号、"约翰·D福特"号、"保罗·琼斯"号、"皮里"号、"帕罗特"号。

▲ 1932年与“梅尔维尔”号驱逐舰补给舰停泊在一起的几艘“克莱蒙森”级驱逐舰，分别是“奥文顿”号、“斯图尔特文”号、“詹姆士·K·保尔丁”号、“麦华伦”号、“徐斯”号

▼ 停泊在波斯顿海军船厂的几艘“克莱蒙森”级驱逐舰，在外侧的是“麦克利什”号

停泊在圣迭戈的驱逐舰队，绝大部分都是“克莱蒙森”级。

1923年9月8日夜，由14艘“克莱蒙森”级驱逐舰组成的第11驱逐舰分队经过加利福尼亚州的虹达角。由于导航错误以及大雾导致的能见度下降，7艘驱逐舰搁浅沉没，它们分别是：“杜菲”号、“昌西”号、“富勒”号、“伍德伯里”号、“S·P·李”号、“尼古拉斯”号和“杨”号。这次事故被称为虹达角灾难（Honda Point Disaster），这是和平时期美国海军最大的损失，也是“克莱蒙森”级驱逐舰最大的一次损失。之后的20世纪20至30年代，共有尽60艘“克莱蒙森”级驱逐舰退役拆解。到1936年，美国还有169艘平甲板驱逐舰在役或处于封存状态，其中以“克莱蒙森”级的数量最多。

二战爆发后，根据《驱逐舰换基地》协议，美国将19艘“克莱蒙森”级驱逐舰移交给英国和加拿大。随着国际局势的紧张，美国开始对自己手中的“克莱蒙森”级驱逐舰进行改装，除了驱逐舰，在其基础上还出现了高速运输舰、高速扫雷舰、驱逐布雷舰和水上飞机母舰等。为了增强防空能力，不同用途的“克莱蒙森”级驱逐舰都安装了76毫米高平两用炮。

美国参战后，“克莱蒙森”级主要在太平洋和大西洋上执行各种任务，总共有17艘舰只被对方击沉。除了被对方击沉的，两艘“克莱蒙森”级驱逐舰被拖到旧金山港湾区和母马岛海军码头外，作为靶舰被击沉。在二战中，最具传奇经历的一艘“克莱蒙森”级驱逐舰就要算是“斯图尔特”号了，1942年3月2日，该舰在苏门答腊附近海域被破坏后遗弃。当荷属东印度群岛投降后，日本人修复了“斯图尔特”号，并将其作为巡逻舰使用。到了二战末期，美国海军再次将“斯图尔特”号夺回，经过多年的“海外生涯”，其最终还是回到了美国海军手中。

二战结束后，“克莱蒙森”级已经明显过时，于是纷纷退役并被出售拆解。“克莱蒙森”级驱逐舰是美国在一战结束前建造的最后一级驱逐舰，同时也是建造数量最多的一级驱逐舰，虽然没有赶上一战的硝烟，但是很多在二战中充分发挥了自身的价值，展现了该级驱逐舰的优势。

▲ 与一艘驱逐舰补给舰停泊在青岛海域的几艘“克莱蒙森”级驱逐舰，分别是“艾德索”号、“鲍尔默”号、“帕罗特”号、“斯图尔特”号。

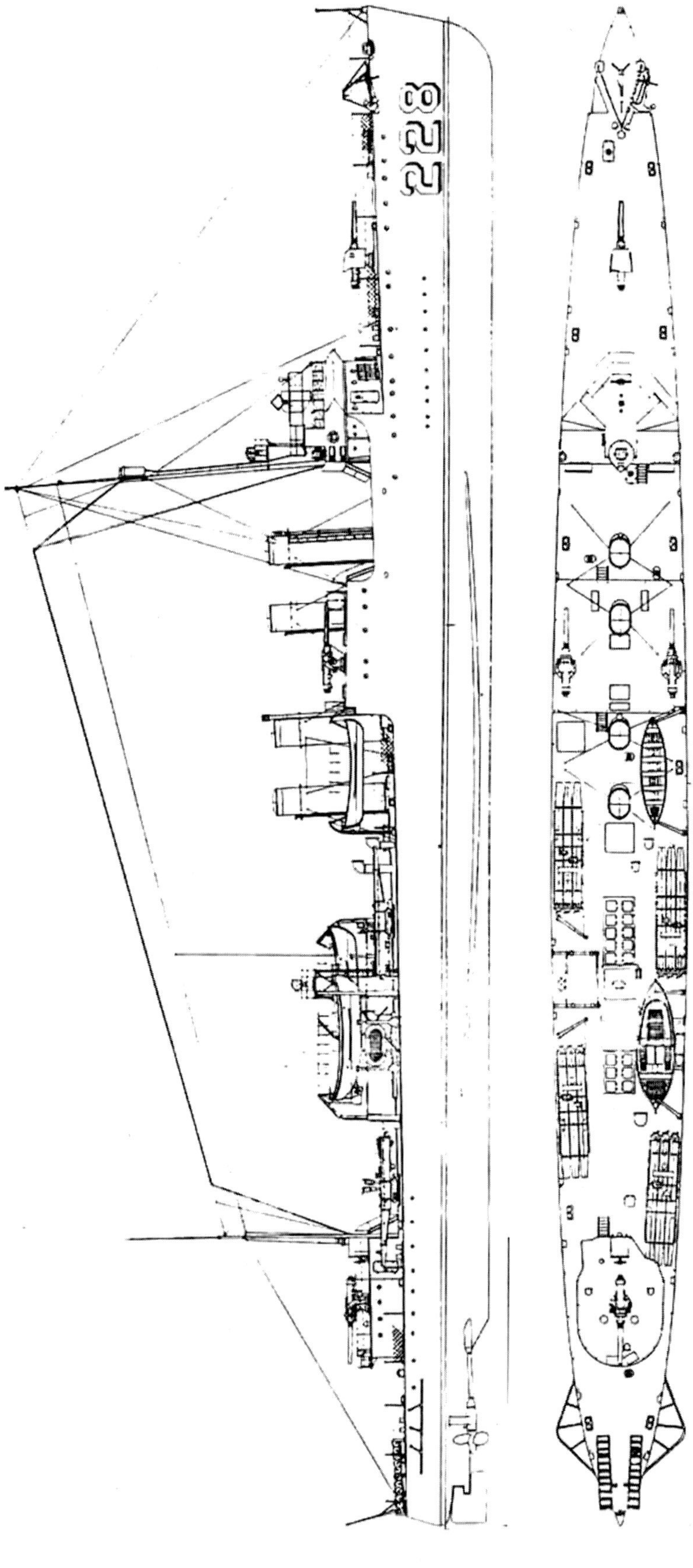


“约翰·D·福特”号线图。

| 舰名 | 译名 | 建造编号 | 建造船厂 | 开工日期 | 下水日期 | 服役日期 | 命运 |
|---|---|---|---|---|---|---|---|
| Clemson | 克莱蒙森 | DD-186 | 纽波特纽斯造船厂 | 1918.3.11 | 1918.9.5 | 1919.12.29 | 退役拆解 |
| Dahlgren | 戴尔根 | DD-187 | 纽波特纽斯造船厂 | 1918.6.8 | 1918.11.20 | 1920.1.6 | 退役拆解 |
| Goldsborough | 高思伯 | DD-188 | 纽波特纽斯造船厂 | 1918.6.8 | 1918.11.20 | 1920.1.26 | 退役拆解 |
| Semmes | 西门斯 | DD-189 | 纽波特纽斯造船厂 | 1918.6.10 | 1918.12.21 | 1920.2.21 | 退役拆解 |
| Satterlee | 沙特利 | DD-190 | 纽波特纽斯造船厂 | 1918.7.10 | 1918.12.21 | 1919.12.23 | 转让英国 |
| Mason | 梅森 | DD-191 | 纽波特纽斯造船厂 | 1918.7.10 | 1919.2.28 | 1920.2.28 | 转让英国 |
| Graham | 葛兰姆 | DD-192 | 纽波特纽斯造船厂 | 1918.9.7 | 1919.3.22 | 1920.3.13 | 退役拆解 |
| Abel P. Upshur | 阿贝·P·厄普舍 | DD-193 | 纽波特纽斯造船厂 | 1918.4.5 | 1918.7.4 | 1919.7.19 | 转让英国 |
| Hunt | 亨特 | DD-194 | 纽波特纽斯造船厂 | 1918.8.20 | 1920.2.14 | 1920.9.30 | 转让英国 |
| Welborn C.Wood | 韦邦·P·伍德 | DD-195 | 纽波特纽斯造船厂 | 1918.9.24 | 1920.3.6 | 1921.1.14 | 转让英国 |
| George E.Badger | 乔治·E·白吉尔 | DD-196 | 纽波特纽斯造船厂 | 1918.9.24 | 1920.3.6 | 1920.8.11 | 退役拆解 |
| Branch | 布兰奇 | DD-197 | 纽波特纽斯造船厂 | 1918.10.25 | 1919.4.19 | 1920.6.26 | 转让英国 |
| Herndon | 亨顿 | DD-198 | 纽波特纽斯造船厂 | 1918.11.25 | 1919.5.31 | 1920.9.14 | 退役拆解 |
| Dallas | 达拉斯 | DD-199 | 纽波特纽斯造船厂 | 1918.11.25 | 1919.5.31 | 1920.10.28 | 退役拆解 |
| Chandler | 钱德拉 | DD-206 | 纽波特纽斯造船厂 | 1918.8.19 | 1919.3.19 | 1919.9.5 | 退役拆解 |
| Southard | 苏哈德 | DD-207 | 克雷普父子造船厂 | 1918.8.18 | 1919.3.31 | 1919.9.24 | 退役拆解 |
| Hovey | 哈维 | DD-208 | 克雷普父子造船厂 | 1918.8.18 | 1919.3.31 | 1919.9.24 | 1945 年 1 月 7 日被日军击沉 |
| Long | 朗 | DD-209 | 克雷普父子造船厂 | 1918.9.23 | 1919.4.26 | 1919.10.26 | 1945 年 1 月 6 日被日军击沉 |
| Broome | 布鲁姆 | DD-210 | 克雷普父子造船厂厂 | 1918.10.8 | 1919.5.14 | 1919.10.31 | 退役拆解 |
| Alden | 艾登 | DD-211 | 克雷普父子造船厂 | 1918.10.24 | 1919.5.14 | 1919.11.24 | 退役拆解 |
| Smith Thompson | 史密斯·汤普森 | DD-212 | 克雷普父子造船厂 | 1919.3.24 | 1919.7.14 | 1919.12.10 | 1936 年意外沉没 |
| Barker | 巴克尔 | DD-213 | 克雷普父子造船厂 | 1919.4.30 | 1919.11.11 | 1919.12.27 | 退役拆解 |
| Tracy | 崔西 | DD-214 | 克雷普父子造船厂 | 1919.4.3 | 1919.8.13 | 1920.5.9 | 退役拆解 |
| Borie | 波利 | DD-215 | 克雷普父子造船厂 | 1919.4.30 | 1919.10.4 | 1920.3.24 | 1943 年 11 月 3 日被日军击沉 |
| John D.Edwards | 约翰·D·爱德华 | DD-216 | 克雷普父子造船厂 | 1919.5.21 | 1919.10.18 | 1920.4.6 | 退役拆解 |
| Whipple | 惠普尔 | DD-217 | 克雷普父子造船厂 | 1919.6.12 | 1919.11.6 | 1920.4.23 | 退役拆解 |
| Parrott | 帕罗特 | DD-218 | 克雷普父子造船厂 | 1919.7.23 | 1919.11.25 | 1920.5.11 | 退役拆解 |
| Edsall | 艾德索 | DD-219 | 克雷普父子造船厂 | 1919.9.15 | 1920.7.29 | 1920.11.26 | 1942 年 3 月 1 日被日军击沉 |
| Macleish | 麦克利什 | DD-220 | 克雷普父子造船厂 | 1919.8.19 | 1919.12.18 | 1920.8.2 | 退役拆解 |
| Simpson | 辛普森 | DD-221 | 克雷普父子造船厂 | 1919.10.9 | 1920.4.28 | 1920.11.3 | 退役拆解 |
| Bulmer | 鲍尔默 | DD-222 | 克雷普父子造船厂 | 1919.8.11 | 1920.1.22 | 1920.8.16 | 退役拆解 |
| McCormick | 麦科米克 | DD-223 | 克雷普父子造船厂 | 1919.8.11 | 1920.2.14 | 1920.8.30 | 退役拆解 |

| | | | | | | | |
|---|---|---|---|---|---|---|---|
| Stewart | 斯图尔特 | DD-224 | 克雷普父子造船厂 | 1919.9.9 | 1920.3.4 | 1920.9.25 | 退役拆解 |
| Pope | 波普 | DD-225 | 克雷普父子造船厂 | 1919.9.9 | 1920.3.23 | 1920.10.27 | 1942 年 3 月 1 日被日军击沉 |
| Peary | 皮里 | DD-226 | 克雷普父子造船厂 | 1919.9.9 | 1920.4.6 | 1920.10.22 | 1942 年 2 月 19 日被日军击沉 |
| Pillsbury | 皮斯伯里 | DD-227 | 克雷普父子造船厂 | 1919.10.23 | 1920.8.3 | 1920.12.15 | 1942 年 3 月 2 日被日军击沉 |
| John D. Ford | 约翰·D 福特 | DD-228 | 克雷普父子造船厂 | 1919.11.11 | 1920.9.2 | 1920.12.30 | 退役拆解 |
| Truxton | 特鲁克斯顿 | DD-229 | 克雷普父子造船厂 | 1919.11.11 | 1920.9.28 | 1920.12.30 | 1942 年搁浅沉没 |
| Paul Jones | 保罗·琼斯 | DD-230 | 克雷普父子造船厂 | 1919.12.23 | 1920.9.30 | 1921.4.19 | 退役拆解 |
| Hatfield | 哈特福德 | DD-231 | 纽约造船厂 | 1919.12.23 | 1919.3.17 | 1920.4.16 | 退役拆解 |
| Brooks | 布鲁克斯 | DD-232 | 纽约造船厂 | 1918.6.11 | 1919.4.24 | 1920.6.18 | 退役拆解 |
| Gilmer | 吉尔默 | DD-233 | 纽约造船厂 | 1918.6.25 | 1919.5.24 | 1920.4.30 | 退役拆解 |
| Fox | 福克斯 | DD-234 | 纽约造船厂 | 1918.6.25 | 1919.6.12 | 1920.5.17 | 退役拆解 |
| Kane | 凯恩 | DD-235 | 纽约造船厂 | 1918.7.3 | 1919.8.12 | 1920.6.11 | 退役拆解 |
| Humphreys | 汉佛莱斯 | DD-236 | 纽约造船厂 | 1918.7.31 | 1919.7.28 | 1920.7.21 | 退役拆解 |
| McFarland | 麦克法兰 | DD-237 | 纽约造船厂 | 1918.7.31 | 1920.3.30 | 1920.9.30 | 退役拆解 |
| Jame K. Paulding | 詹姆士·K·保尔丁 | DD-238 | 纽约造船厂 | 1918.7.31 | 1920.4.20 | 1920.11.29 | 退役拆解 |
| Overton | 奥文顿 | DD-239 | 纽约造船厂 | 1918.10.30 | 1919.7.10 | 1920.6.30 | 退役拆解 |
| Sturtevant | 斯图尔特文 | DD-240 | 纽约造船厂 | 1918.11.23 | 1920.9.21 | 1920.9.21 | 1942 年 4 月 26 日被水雷炸沉 |
| Childs | 柴尔德斯 | DD-241 | 纽约造船厂 | 1919.3.19 | 1920.9.15 | 1920.10.22 | 退役拆解 |
| King | 金恩 | DD-242 | 纽约造船厂 | 1919.4.28 | 1920.10.14 | 1920.12.16 | 退役拆解 |
| Sands | 森斯 | DD-243 | 纽约造船厂 | 1919.3.22 | 1919.20.28 | 1920.11.10 | 退役拆解 |
| Williamson | 威廉森 | DD-244 | 纽约造船厂 | 1919.3.27 | 1919.10.16 | 1920.10.29 | 退役拆解 |
| Reuben James | 劳本·詹姆斯 | DD-245 | 纽约造船厂 | 1919.4.2 | 1919.10.4 | 1920.9.24 | 1941 年 10 月 31 日被德国 U-552 号潜艇击沉 |
| Bainbridge | 班布里奇 | DD-246 | 纽约造船厂 | 1919.5.27 | 1920.6.12 | 1921.2.9 | 退役拆解 |
| Goff | 戈夫 | DD-247 | 纽约造船厂 | 1919.6.16 | 1920.6.2 | 1921.1.19 | 退役拆解 |
| Barry | 巴里 | DD-248 | 纽约造船厂 | 1919.7.26 | 1920.7.26 | 1920.12.28 | 1945 年 6 月 21 日被日军击沉 |
| Hopkins | 霍普金斯 | DD-249 | 纽约造船厂 | 1919.6730 | 1920.6.26 | 1921.3.21 | 退役拆解 |
| Lawrence | 罗伦斯 | DD-250 | 纽约造船厂 | 1919.8.14 | 1920.7.10 | 1921.4.18 | 退役拆解 |
| Belknap | 贝尔纳普 | DD-251 | 纽约造船厂 | 1918.7.31 | 1919.1.14 | 1919.4.28 | 退役拆解 |
| McCook | 麦考克 | DD-252 | 伯利恒造船厂 | 1918.9.10 | 1919.1.31 | 1919.4.30 | 转让加拿大 |
| McGalla | 麦卡拉 | DD-253 | 伯利恒造船厂 | 1918.9.25 | 1919.2.18 | 1919.5.19 | 转让英国 |
| Rodgers | 罗杰斯 | DD-254 | 伯利恒造船厂 | 1918.9.25 | 1919.4.26 | 1919.7.22 | 转让英国 |
| Osmond Ingram | 奥斯蒙·英格拉姆 | DD-255 | 伯利恒造船厂 | 1918.10.15 | 1919.2.23 | 1919.6.28 | 退役拆解 |
| Bancroft | 班克洛夫 | DD-256 | 伯利恒造船厂 | 1918.11.4 | 1919.3.21 | 1919.6.30 | 转让加拿大 |

| | | | | | | | |
|---|---|---|---|---|---|---|---|
| Welles | 威尔士 | DD-257 | 伯利恒造船厂 | 1918.11.13 | 1919.5.8 | 1919.12.2 | 转让英国 |
| Aulick | 欧力 | DD-258 | 伯利恒造船厂 | 1918.12.3 | 1919.4.11 | 1919.7.26 | 转让英国 |
| Turner | 特纳 | DD-259 | 伯利恒造船厂 | 1918.12.19 | 1919.5.17 | 1919.12.24 | 退役拆解 |
| Gillis | 吉利斯 | DD-260 | 伯利恒造船厂 | 1918.12.19 | 1919.5.17 | 1919.12.24 | 退役拆解 |
| Delphy | 杜菲 | DD-261 | 伯利恒造船厂 | 1918.4.21 | 1918.7.18 | 1918.11.30 | 1925 年 10 月 19 日因事故沉没 |
| McDermut | 麦克德尔姆德 | DD-262 | 伯利恒造船厂 | 1918.4.20 | 1918.8.6 | 1919.3.27 | 退役拆解 |
| Laub | 劳勃 | DD-263 | 伯利恒造船厂 | 1918.4.20 | 1918.8.28 | 1918.3.17 | 转让英国 |
| McLanahan | 麦克拉纳翰 | DD-264 | 伯利恒造船厂 | 1918.4.20 | 1918.9.22 | 1919.4.5 | 转让英国 |
| Edwards | 爱德华兹 | DD-265 | 伯利恒造船厂 | 1918.6.3 | 1918.10.10 | 1919.4.24 | 转让英国 |
| Greene | 格林 | DD-266 | 伯利恒造船厂 | 1918.6.3 | 1918.11.2 | 1919.5.9 | 退役拆解 |
| Ballard | 巴拉德 | DD-267 | 伯利恒造船厂 | 1918.6.3 | 1918.12.7 | 1919.6.5 | 退役拆解 |
| Shubrick | 舒伯里克 | DD-268 | 伯利恒造船厂 | 1918.6.3 | 1918.12.31 | 1919.7.3 | 转让英国 |
| Bailey | 百利 | DD-269 | 伯利恒造船厂 | 1918.6.3 | 1919.2.5 | 1919.6.27 | 转让英国 |
| Thornton | 桑顿 | DD-270 | 伯利恒造船厂 | 1918.6.3 | 1919.3.2 | 1919.7.15 | 搁浅拆解 |
| Morris | 莫里斯 | DD-271 | 伯利恒造船厂 | 1918.6.20 | 1919.4.12 | 1919.7.21 | 退役拆解 |
| Tingey | 廷杰 | DD-272 | 伯利恒造船厂 | 1918.8.8 | 1919.4.24 | 1919.7.25 | 退役拆解 |
| Swasey | 史旺斯 | DD-273 | 伯利恒造船厂 | 1918.8.27 | 1919.5.7 | 1919.8.8 | 转让英国 |
| Meade | 米德 | DD-274 | 伯利恒造船厂 | 1918.9.23 | 1919.5.24 | 1919.9.8 | 转让英国 |
| Sinclair | 辛克莱 | DD-275 | 伯利恒造船厂 | 1918.10.15 | 1919.6.2 | 1919.10.8 | 退役拆解 @ |
| McCawley | 麦考利 | DD-276 | 伯利恒造船厂 | 1918.11.5 | 1919.6.4 | 1919.9.22 | 退役拆解 @ |
| Moody | 穆迪 | DD-277 | 伯利恒造船厂 | 1918.12.9 | 1919.6.28 | 1919.12.10 | 退役拆解 |
| Henshaw | 亨肖 | DD-278 | 伯利恒造船厂 | 1919.6.28 | 1919.12.10 | 1920.3.11 | 退役拆解 |
| Meyer | 梅尔 | DD-279 | 伯利恒造船厂 | 1919.2.6 | 1919.7.18 | 1919.12.17 | 退役拆解 |
| Doyen | 杜因 | DD-280 | 伯利恒造船厂 | 1919.3.24 | 1919.7.26 | 1919.12.17 | 退役拆解 |
| Sharkey | 夏基 | DD-281 | 伯利恒造船厂 | 1919.4.14 | 1919.8.12 | 1919.11.28 | 退役拆解 |
| Toucey | 杜西 | DD-282 | 伯利恒造船厂 | 1919.4.26 | 1919.9.5 | 1919.12.9 | 退役拆解 |
| Breck | 布雷 | DD-283 | 伯利恒造船厂 | 1919.5.8 | 1919.9.5 | 1919.12.1 | 退役拆解 |
| Isherwood | 伊舍伍德 | DD-284 | 伯利恒造船厂 | 1919.5.24 | 1919.9.1 | 1919.12.4 | 退役拆解 |
| Case | 格斯 | DD-285 | 伯利恒造船厂 | 1919.6.3 | 1919.9.21 | 1919.12.8 | 退役拆解 |
| Lardner | 拉德诺 | DD-286 | 伯利恒造船厂 | 1919.6.16 | 1919.9.29 | 1919.12.10 | 退役拆解 |
| Putnam | 普特南 | DD-287 | 伯利恒造船厂 | 1919.6.30 | 1919.9.30 | 1919.12.10 | 退役拆解 |
| Worden | 沃登 | DD-288 | 伯利恒造船厂 | 1919.6.30 | 1919.10.24 | 1920.2.24 | 退役拆解 |
| Flusser | 博拉瑟 | DD-289 | 伯利恒造船厂 | 1919.7.21 | 1919.11.7 | 1920.2.25 | 退役拆解 |

| Dale | 戴尔 | DD-290 | 伯利恒造船厂 | 1919.7.28 | 1919.11.19 | 1920.5.1 | 退役拆解 |
|---|---|---|---|---|---|---|---|
| Converse | 康佛斯 | DD-291 | 伯利恒造船厂 | 1919.8.13 | 1919.12.28 | 1920.4.28 | 退役拆解 |
| Reid | 里德 | DD-292 | 伯利恒造船厂 | 1919.9.9 | 1919.10.15 | 1919.12.3 | 退役拆解 |
| Billingsley | 比林斯利 | DD-293 | 伯利恒造船厂 | 1919.9.8 | 1919.12.10 | 1920.5.1 | 退役拆解 |
| Charles Ausburn | 查理·欧斯本 | DD-294 | 伯利恒造船厂 | 1919.9.11 | 1919.12.18 | 1920.3.23 | 退役拆解 @ |
| Osborne | 奥斯本 | DD-295 | 伯利恒造船厂 | 1919.9.23 | 1919.12.29 | 1920.5.17 | 退役拆解 |
| Chauncey | 昌西 | DD-296 | 伯利恒造船厂 | 1918.6.17 | 1919.8.29 | 1919.6.25 | 1923 年 9 月 8 日<br>因事故沉没 |
| Fuller | 富勒 | DD-297 | 伯利恒造船厂 | 1918.7.4 | 1918.12.5 | 1920.2.28 | 1923 年 9 月 8 日<br>因事故沉没 |
| Percival | 白思华 | DD-298 | 伯利恒造船厂 | 1918.7.4 | 1918.12.5 | 1920.3.1 | 退役拆解 |
| John Francis Burnes | 约翰·弗朗西斯·伯恩斯 | DD-299 | 伯利恒造船厂 | 1918.7.4 | 1918.11.10 | 1920.5.1 | 退役拆解 |
| Farragut | 法拉古特 | DD-300 | 伯利恒造船厂 | 1918.7.4 | 1918.11.21 | 1920.6.4 | 退役拆解 |
| Somers | 索莫斯 | DD-301 | 伯利恒造船厂 | 1918.7.4 | 1918.12.28 | 1920.4.10 | 退役拆解 |
| Stoddert | 斯托德特 | DD-302 | 伯利恒造船厂 | 1918.7.4 | 1919.1.8 | 1920.6.30 | 退役拆解 |
| Reno | 雷诺 | DD-303 | 伯利恒造船厂 | 1918.7.4 | 1919.1.22 | 1920.7.23 | 退役拆解 |
| Farquhar | 法夸尔 | DD-304 | 伯利恒造船厂 | 1918.8.13 | 1919.1.18 | 1920.8.5 | 退役拆解 |
| Thpmpson | 汤普森 | DD-305 | 伯利恒造船厂 | 1918.9.25 | 1919.1.15 | 1920.4.4 | 1944 作为靶舰<br>被击沉 |
| Kennedy | 肯尼迪 | DD-306 | 伯利恒造船厂 | 1918.9.25 | 1919.1.18 | 1920.8.5 | 退役拆解 |
| Paul Hamolton | 保罗·哈默尔顿 | DD-307 | 伯利恒造船厂 | 1918.9.25 | 1919.2.21 | 1920.9.24 | 退役拆解 |
| William Jones | 威廉·琼斯 | DD-308 | 伯利恒造船厂 | 1918.10.2 | 1919.4.6 | 1920.9.30 | 退役拆解 |
| Woodbury | 伍德伯里 | DD-309 | 伯利恒造船厂 | 1918.10.3 | 1919.2.6 | 1920.10.20 | 1923 年 9 月 8 日<br>因事故沉没 |
| S.P.Lee | S·P·李 | DD-310 | 伯利恒造船厂 | 1918.12.31 | 1919.4.22 | 1920.10.30 | 1923 年 9 月 8 日<br>因事故沉没 |
| Nicholas | 尼古拉斯 | DD-311 | 伯利恒造船厂 | 1919.1.11 | 1919.5.1 | 1920.11.23 | 1923 年 9 月 8 日<br>因事故沉没 |
| Yarborough | 杨 | DD-312 | 伯利恒造船厂 | 1919.1.11 | 1919.5.1 | 1920.11.23 | 1923 年 9 月 8 日<br>因事故沉没 |
| Zeilin | 塞林 | DD-313 | 伯利恒造船厂 | 1919.2.20 | 1919.5.28 | 1920.12.10 | 退役拆解 |
| Yardborough | 亚伯洛 | DD-314 | 伯利恒造船厂 | 1919.2.27 | 1919.6.20 | 1920.12.31 | 退役拆解 |
| La Vallette | 拉瓦列 | DD-315 | 伯利恒造船厂 | 1919.4.14 | 1919.7.15 | 1920.12.24 | 退役拆解 |
| Sloat | 斯洛特 | DD-316 | 伯利恒造船厂 | 1919.1.18 | 1919.5.14 | 1920.12.30 | 退役拆解 |
| Wood | 伍德 | DD-317 | 伯利恒造船厂 | 1919.1.23 | 1919.5.28 | 1921.1.28 | 退役拆解 |
| Shirk | 谢尔克 | DD-318 | 伯利恒造船厂 | 1919.2.13 | 1919.6.20 | 1920.2.5 | 退役拆解 |
| Kidder | 基德 | DD-319 | 伯利恒造船厂 | 1919.3.5 | 1919.7.10 | 1921.2.7 | 退役拆解 |
| Selfridge | 赛弗里奇 | DD-320 | 伯利恒造船厂 | 1919.4.28 | 1919.7.10 | 1921.2.7 | 退役拆解 |
| Marcus | 马可斯 | DD-321 | 伯利恒造船厂 | 1919.5.20 | 1919.8.22 | 1921.2.23 | 退役拆解 |
| Mervine | 梅伐因 | DD-322 | 伯利恒造船厂 | 1919.4.28 | 1919.8.11 | 1921.2.28 | 退役拆解 |

| | | | | | | | |
|---|---|---|---|---|---|---|---|
| Chase | 蔡斯 | DD-323 | 伯利恒造船厂 | 1919.5.5 | 1919.9.2 | 1921.3.10 | 退役拆解 |
| Robert Smith | 罗伯特·史密斯 | DD-324 | 伯利恒造船厂 | 1919.5.13 | 1919.9.19 | 1921.3.17 | 退役拆解 |
| Mullany | 梅兰利 | DD-325 | 伯利恒造船厂 | 1919.6.3 | 1920.7.9 | 1921.3.29 | 退役拆解 |
| Caghlan | 卡兰 | DD-326 | 伯利恒造船厂 | 1919.6.25 | 1920.6.16 | 1921.3.31 | 退役拆解 |
| Preston | 普雷斯顿 | DD-327 | 伯利恒造船厂 | 1919.7.19 | 1920.8.7 | 1921.4.13 | 退役拆解 |
| Lanson | 林森 | DD-328 | 伯利恒造船厂 | 1919.8.13 | 1920.9.1 | 1921.4.19 | 退役拆解 |
| Bruce | 布鲁斯 | DD-329 | 伯利恒造船厂 | 1919.7.30 | 1920.5.20 | 1920.9.29 | 退役拆解 |
| Hull | 赫尔 | DD-330 | 伯利恒造船厂 | 1920.9.13 | 1921.2.18 | 1921.4.26 | 退役拆解 |
| Macdonough | 麦克多诺 | DD-331 | 伯利恒造船厂 | 1920.5.24 | 1920.12.15 | 1921.4.30 | 退役拆解 |
| Farenholt | 法伦霍 | DD-332 | 伯利恒造船厂 | 1920.9.13 | 1921.3.9 | 1921.5.1 | 退役拆解 |
| Sumner | 萨姆纳 | DD-333 | 伯利恒造船厂 | 1919.8.27 | 1920.11.27 | 1921.5.27 | 退役拆解 |
| Corry | 科尼 | DD-334 | 伯利恒造船厂 | 1919.9.15 | 1921.3.28 | 1921.5.25 | 退役拆解 |
| Melvin | 梅尔文 | DD-335 | 伯利恒造船厂 | 1920.9.15 | 1921.4.11 | 1921.5.31 | 退役拆解 |
| Litchfield | 利齐菲 | DD-336 | 梅尔岛海军造船厂 | 1919.1.15 | 1919.8.12 | 1920.5.12 | 退役拆解 |
| Zane | 赞恩 | DD-337 | 梅尔岛海军造船厂 | 1919.1.15 | 1919.8.12 | 1921.2.15 | 退役拆解 |
| Wasmuth | 沃蒙斯 | DD-338 | 梅尔岛海军造船厂 | 1919.8.12 | 1920.9.15 | 1921.12.16 | 1942 年 12 月 29 日在风暴中沉没 |
| Trever | 德雷佛 | DD-339 | 梅尔岛海军造船厂 | 1919.8.12 | 1920.9.15 | 1922.8.3 | 退役拆解 |
| Perry | 培里 | DD-340 | 梅尔岛海军造船厂 | 1920.9.15 | 1921.10.29 | 1922.8.7 | 1944 年 9 月 13 日被日军击沉 |
| Decatur | 迪凯特 | DD-341 | 梅尔岛海军造船厂 | 1920.9.15 | 1921.10.29 | 1922.8.9 | 退役拆解 |
| Hulbert | 胡尔伯特 | DD-342 | 诺福克海军造船厂 | 1918.11.18 | 1919.6.28 | 1920.10.27 | 退役拆解 |
| Noa | 诺亚 | DD-343 | 诺福克海军造船厂 | 1918.11.18 | 1919.6.28 | 1921.2.15 | 1944 年因事故沉没 |
| William B. Preston | 威廉·B·普雷斯顿 | DD-344 | 诺福克海军造船厂 | 1918.11.18 | 1919.8.9 | 1920.8.23 | 退役拆解 |
| Preble | 普雷贝尔 | DD-345 | 巴斯钢铁厂 | 1919.4.12 | 1920.3.8 | 1920.5.19 | 退役拆解 |
| Sicard | 西卡 | DD-346 | 巴斯钢铁厂 | 1919.6.18 | 1920.4.20 | 1920.6.9 | 退役拆解 |
| Pruitt | 普鲁特 | DD-347 | 巴斯钢铁厂 | 1919.6.18 | 1920.4.20 | 1920.6.9 | 退役拆解 |

| 基本技术性能 | |
|---|---|
| 基本尺寸 | 舰长 95.822 米，舰宽 9.436 米，吃水 2.84 米 |
| 排水量 | 标准 1215 吨 / 满载 1308 吨 |
| 最大航速 | 35 节 |
| 动力配置 | 4 座燃油锅炉，2 台燃气轮机，27600 马力 |
| 武器配置 | 4×102 毫米火炮，1×76 毫米火炮，12×533 鱼雷发射管 |
| 人员编制 | 106 名舰员 +8 名士官 +8 名军官 |

1919年左右的“葛兰姆”号。

加入海岸警卫队后的“阿贝·P·厄普舍”号，舷号为“CG-15”。

1919年停泊在纽约港外的“亨特”号。

▲ 停泊中的“韦邦·P·伍德”号，旁边还有一艘同级驱逐舰。

▲ 停泊中的“克莱蒙森”号，其舰体看上去锈迹斑斑。

▼ 航行中的“布兰奇”号。

▲1920年代的“亨顿”号。

▲航行中的“钱德拉”号。

▼正在施放烟幕的“帕罗特”号，它马上就要进入烟雾之中了。

1944年的“达拉斯”号，经过改造后已经安装了雷达。

▲ 停泊中的“波利”号，停泊地应该是在中国某港口。

▼ 正在发射T4M鱼雷的“巴克尔”号，旁边有一架飞机低空掠过。

1943年的“约翰·D·爱德华”号，经过改造后其舰桥看上去很高。

航行中的“惠普尔”号，照片拍摄于1943年11月30日。

▲ 停泊中的“斯图尔特”号。

▼ 停泊在法国港口的“波普”号，前甲板上水兵们正在搭凉棚。

▼ 俯瞰“特拉克斯顿”号。

从正面观察“约翰·D·福特”号，照片拍摄于1943年12月24日。

海试中高速航行的“布鲁克斯”号。

▲ 正在从“萨拉托加”号航母上接受油料补给的“汉佛莱斯”号。

▼ 停泊中的“保罗·琼斯”号，可以看到高高在上的后主炮。

▲ 航行中的“詹姆斯·K·保尔丁”号。

▼ 航行中的“斯图尔特文”号。

▼ 航行中的“霍普金斯”号，船员们都在前甲板上列队。

▲ 正在进行油料补给作业的“森斯”号。

▼ 停泊中的“威廉森”号。

▲ 正在通过巴拿马运河的“劳本·詹姆斯”号。

▼ 与“柴尔德斯”号停泊在一起的“班布里奇”号。

▲ 1919年的"特纳"号。

▲ 停泊在关塔那摩湾的"罗杰斯"号，从烟向上看它正在顺风航行。

▼ 停泊中的"杜菲"号。

▲ 航行中的“麦克德尔姆德”号，不远处便是陆地上起伏的群山。

▲ 1919年时的“贝尔纳普”号。

▼ 停泊在纽约港的“麦克拉纳翰”号。

▲航行中的“百利”号，照片看上去有些灰暗。

▼与维克斯级“利里”号停泊在一起的“舒伯利克”号。

▲航行中的“穆迪”号，不远处是同级的“保罗·哈默尔顿”号。

▲停泊中的“杜因”号。

▼停泊中的“梅尔”号。

▲ 高速航行中的“杜西”号。

▼ 正在巴拿马运河中航行的“布雷”号。

▲ 驶离华盛顿的“伊舍伍德”号。

▼ 从空中俯瞰“傅拉瑟”号，凉棚已经遮住了前甲板。

▼ 航行中的“拉德诺”号，不远处有一艘友舰。

"查理·欧斯本"号曾用作水上飞机试验舰，图为1923年左右正在该舰上进行试验的TS-1水上飞机。

▲ 航行中的“昌西”号。

▲ 正在释放烟雾的“索莫斯”号。

▼ 停泊中的“法夸尔”号。

▲ “保罗·哈默尔顿”号，身旁有一艘交通艇。

▲ 停泊中的“威廉·琼斯”号，不远处还有另一艘驱逐舰。

▼ 航行中的“汤普森”号。

▲ 在风浪中航行的“塞林”号。

▲ 停泊中的“马可斯”号。

▼ 停泊在海面上的“拉瓦列”号，其3号和4号烟囱还在冒烟。

与“加利福尼亚”号战列舰一起航行的“谢尔克”号。

▲1927年7月4日总统观舰式中的“斯洛特”号。

▼停泊中的“基德”号。

停泊中的“梅兰利”号，其状态看上去不错。

▲ 停泊中的“蔡斯”号。

▲ 停泊中的“罗伯特·史密斯”号，舰艉上挂着美国国旗。

▼ 在演习中挂起靶旗的“梅伐因”号。

▲停泊中的“布鲁斯”号。

▲低速航行中的“麦克多诺”号。

▼海面上的“法伦霍”号。

▲ 停泊中的“萨姆纳”号。

▲ 舰队航行训练中的“梅尔文”号。

▼ 海面上的“赞恩”号。

▲处于停泊状态的“沃蒙斯”号。

▼停泊在海面上的“德雷弗”号，不远处可以看到海岸线。

▲ 驶过一座灯塔的“培里”号。

▲ 停泊中的“诺亚”号。

▼ 停泊在码头附近的“普雷贝尔”号。

停泊中的“迪凯特”号。

航行中的“威廉·B·普雷斯顿”号，不远处是海岸森林。

▲一群水兵在高海况条件下正划着舢板靠近“胡尔伯特”号。

▼正在船坞内进行检修的“西卡”号。

## 虹达角灾难（Honda Point Disaster）

1923年的夏天，美国海军第11驱逐舰中队（DESRON 11）从旧金山湾前往南方的圣迭戈湾，当时驱逐舰中队的指挥官是海军上校爱德华·H·华生（Edward H. Watson）。第11驱逐舰中队共有14艘驱逐舰，分别是："杜菲"号（DD-261）、"昌西"号（DD-296）、"富勒"号（DD-297）、"白思华"号（DD-298）、"法拉洛特"号（DD-300）、"索莫斯"号（DD-301）、"斯托德特"号（DD-302）、"汤普森"号（DD-305）、"肯尼迪"号（DD-306）、"保罗·哈默尔顿"号（DD-307）、"伍德"号（DD-309）、"S·P·李"号（DD-310）、"尼古拉斯"号（DD-311）和"杨"号（DD-312），其中"杜菲"号是驱逐舰中队的旗舰。第11驱逐舰中队的所有驱逐舰都属于"克莱蒙森"级，而且都是舰龄不足5年的新舰。

由于第11驱逐舰中队正在模拟战时环境，因此华生要求所有驱逐舰保持高航速航行，不得减速，整个驱逐舰编队就像一群银鱼，在平静的海面上排着整齐的队列劈波前进。1923年9月8日，第11驱逐舰中队进入圣塔芭芭拉海峡，这里水文条件比较复杂，而其中的虹达角更是礁石丛生。当晚，海面上升起了浓雾，能见度非常低。尽管当时美国海军驱逐舰上已经安装了先进的无线电导航设备，但是由于7天前在日本发生了震级强烈的关东大地震，地震产生的异常强电流波及了加利福尼亚海岸，导致无线电导航器材受到了强烈干扰。正是因为这种原因，驱逐舰的舰长和导航员并不相信无线电导航接收机这种先进玩意。

夜晚中航行的驱逐舰使用老式的航位测量法进行定位，而没有进行深度测量。华生认为自己正沿着加利福尼亚海岸航行，但是其实际位置却在测量位置西北数公里处，他并不知道这一错误将导致致命的后果。

晚上21时05分，打头的旗舰"杜菲"号仍在以20节的高速前进，当船员们从雾气中看清虹达角时立即就触礁搁浅了，事故中有3人丧生。搁浅后的"杜菲"号向其他友舰发出了警报，希望能够避免更多的军舰搁浅；紧随"杜菲"号之后的"S·P·李"号看到前面的旗舰突然停下后立即向左避让，但却撞到了海岸上；后来的"杨"号来不及转向，高速航行中的军舰撞到岩石上并撕开了舰体，海水立即涌入舰内并造成了22人丧生，军舰在几分钟之内便向右倾覆；"伍德"号紧急右转，但是撞到了海中的一块礁石而沉没；"尼古拉斯"号同样做出了右转动作，但是也因为撞到了海中的礁石而沉没；"富勒"号在"伍德"号旁搁浅；"昌西"号试图营救"杨"号的落水船员，但是最终也搁浅了。除了这7艘沉没或搁浅的驱逐舰，"法拉洛特"号和"索莫斯"号轻微损伤，剩下的5艘驱逐舰因为规避及时而成功地躲开了海岸边及海中的礁石。

事故发生后，附近的农场主自发来到悬崖边用裤式救生圈营救被困船员，渔民也驾驶着渔船冒险靠近搁浅的军舰进行营救。在虹达角外围，没有搁浅的驱逐舰也参加到了

▲航拍事故发生后的虹达角，可以看到6艘搁浅沉没的驱逐舰。

▼人们站在礁石上望着几艘已经倾覆沉没的美国驱逐舰。

▲ 两艘搁浅的美国驱逐舰，近处的一艘是“S·P·李”号。

▼ 四艘在虹达角搁浅沉没的驱逐舰，可以看到远处舷号为309的“伍德”号。

▲ 搁浅的“昌西”号驱逐舰。

营救行动中，整场灾难中共有25人丧生。后来美国政府对这7艘搁浅的驱逐舰进行了评估，认为没有打捞和修复的必要，因此最终以1035美元将这些军舰卖给了废品商人。

▲ 正在接受救援的船员。

人们正在检查清理已经彻底倾覆的一艘驱逐舰。

1923年9月8日的夜晚，美国海军在虹达角损失了7艘崭新的驱逐舰，这成为美国海军在和平时期最大的一次事故和损失。为了纪念这场灾难，人们在虹达角建立了纪念建筑，并将“杜菲”号的螺旋桨和螺旋桨轴陈列其中。今天，依然能在虹达角的礁石海岸间找到当年搁浅驱逐舰的残骸碎片。

今天虹达角附近的驱逐舰遗迹。

▲今天在虹达角留下的纪念标志，纪念那次难忘的事故。

第二章

CHAPTER 02

# 条约时代

## 一战结束后至珍珠港事件前的美国驱逐舰（1919—1940）

当一战在1918年11月戛然而止时，美国海军的规模已经超过德国，成为仅次于英国的世界第二大海上力量，其仅仅是在役驱逐舰的数量就超过了300艘。战争的结束对于美国海军来说并不是好消息，由于战争威胁的解除，美国已经不需要如此庞大的海军军备来保卫国家的安全了。

▲ *1922年停靠在圣迭戈军港的美国海军驱逐舰，其密密麻麻的程度反映了美国庞大的军工能力。*

▼ *1919年4月停靠在费城海军船厂的美国海军几艘驱逐舰，分属"班布里奇"级和"史密斯"级。*

在整个20世纪20至30年代，由于国会大幅度削减国防开支，相当数量的老式驱逐舰被出售，而数量更多的驱逐舰退役后被封存。当美国禁酒令开始实施后，酒精走私便成为屡禁不止的严重问题，部分被封存的驱逐舰重新启用后交给美国海岸警卫队用于查处酒精走私。

1930年4月，英、美、日、意、法五大海军强国在伦敦召开海军军备会议，并签署了《限制和削减海军军备条约》（即伦敦海军条约），在该条约中对各种类型军舰和各国军舰数量都做出了限制。《伦敦海军条约》中规定新建造的驱逐舰的排水量不得超过1850吨，主炮口径不得超过130毫米。美国得到了与英国相同的吨位限额，这在条约层面上肯定了美国一流海军强国的地位。在《伦敦海军条约》中规定美国驱逐舰总吨位不得超过15万吨，超出限额的部分应该在1936年12月31日前逐步退役报废。就这样，美国海军进入了“条约时代”。

根据《伦敦海军条约》，美国有超过100艘处于封存状态的驱逐舰被出售拆解，不过老驱逐舰的退役最终促成了新驱逐舰的服役。尽管表面上是在限制海军军备，但是各国在条约限制之内都在想方设法提高单舰性能，另一层面上的军备竞赛正在进行之中。1932年9月20日，当“法拉古特”号驱逐舰在伯利恒造船厂开工建造时，美国在一战结束14年之后终于开始了新型驱逐舰的建造。

20年代末30年代初，随着各国矛盾的变化，美国将目光投向太平洋，而大洋彼岸正在迅速扩张的日本成为它的主要竞争对手。当美国获悉日本正在建造大型的“吹雪”级驱逐舰时，其优异的性能极大地刺激了美国海军。作为回应，美国在1933年开始建造被称为“驱逐领舰”的“波特”级，其在排水量和火力等诸多方面都达到了《伦敦海军条约》的上限，是“条约时代”美国海军驱逐舰的标新立异之作。

“条约时代”的美国海军驱逐舰在建造技术上较之前已经有了长足的进步，新型舰体结构、新的舰桥、新的火炮、新型装甲炮塔、新型发动机等的安装使驱逐舰具有更强的战斗力。从“西姆斯”级驱逐舰开始，美军在驱逐舰上安装了Mark 37火控系统和预警雷达，这些设备的安装极大地增强了战舰的远程预警和精确射击能力。到30年代末，美国在标准的1500吨级驱逐舰设计上已经形成了一套固定的配置，这些配置将影响二战中美国驱逐舰的设计和建造。

当1939年9月1日，二战爆发时，一批新型驱逐舰已经开始装备美国海军，还有一部分正在最后的栖装中。尽管没有立即被卷入战争，但是美国海军的驱逐舰已经开始参与到中立护航行动中，与纳碎德国进行对抗。为了支援英国，美国更是通过协议向皇家海军提供了相当数量的在一战结束前建造的驱逐舰。美国海军非常清楚，它们迟早要参与这场席卷全球的战争，而在“条约时代”建造的驱逐舰将成为战争初期驱逐舰部队的主力。

## “法拉古特”级（Farragut class）

1930年4月，英、美、日、意、法五大海军强国在伦敦召开海军军备会议，并签署了《限制和削减海军军备条约》（即伦敦海军条约），在该条约中对各种类型的军舰和各国军舰数量都做出了限制。《伦敦海军条约》中规定驱逐舰的排水量不得超过1850吨，主炮口径不得超过130毫米，而美国的驱逐舰总吨位不得超过15万吨，美国驱逐舰进入了“条约时代”。

依据《伦敦海军条约》，美国海军的大量驱逐舰都被迫退役，其数量超过100艘。同时为了在条约范围内装备更好的驱逐舰，美国开始设计一战后的第一级驱逐舰。在设计中，美国海军要求新型驱逐舰要比之前的“维克斯”级和“克莱蒙森”级更大更快，同时具有更小的转弯半径。为了提高远洋性能，军方不但要求更远的航程，而且还要求加强舰体的结构强度并增加装甲带。经过一系列的设计验证，“法拉古特”级就这样诞生了。

与之前的“克莱蒙森”级不同，“法拉古特”级采用了上下两层甲板的设计，其高大的前甲板赋予了驱逐舰更好的防浪性能。为了贴近条约上限，同时为了加强火力，“法拉古特”级安装了五门127毫米高平两用炮，其舰艏的两门主炮安装在半封闭装甲炮塔内、中轴一门和舰艉二门则是敞开的。除了主炮，“法拉古特”级上还有四挺用于防空的12.7毫米机枪。“法拉古特”级上装有两座四联装鱼雷发射管，相比前辈，其鱼雷搭载量下降到8枚。“法拉古特”级安装了四台燃油锅炉，两座燃气轮机，由于锅炉和燃气轮机的改进，其烟囱由四根较少到两根。“法拉古特”级输出功率达到42800马力，其最高航速可达37节。与“克莱蒙森”级相比，“法拉古特”级驱逐舰的航程进一步提高，达到了5800海里。

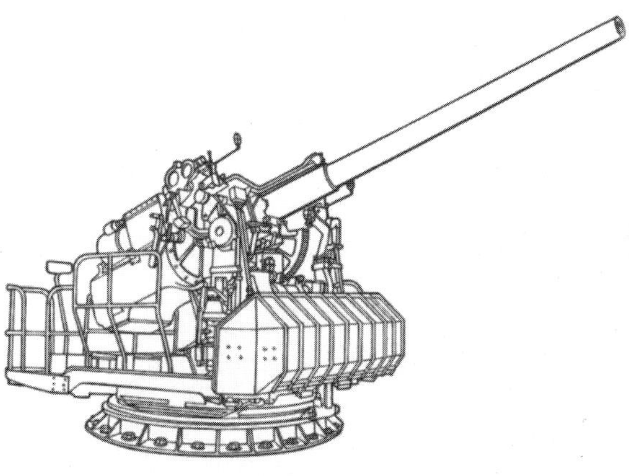

▲“法拉古特”级中轴和舰艉装备的127毫米高平两用炮，没有防护炮塔。

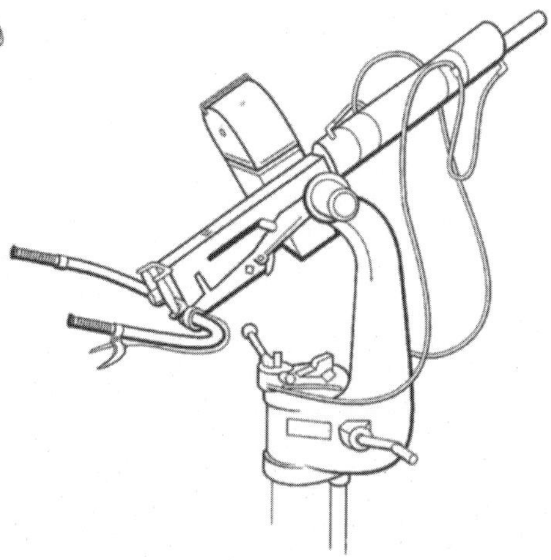

▲“法拉古特”级装备的12.7毫米防空机枪。

“法拉古特”级驱逐舰是美国在一战结束14年后建造的第一级驱逐舰，其代表着美国海军驱逐舰的现代化，与“维克斯”级和“克莱蒙森”级相比，其提升包括：主炮火力提升了35%；鱼雷发射管位于中轴上，具有更好的射界；双层甲板提供了更好的航行稳定性；最高航速提高了3.3节；作战半径达到450海里等。

1932年9月20日，“法拉古特”级的首舰“法拉古特”号（DD-348）驱逐舰在伯利恒造船厂开工建造，该级其他五艘分别在巴斯钢铁厂（DD-349）、纽约造船厂（DD-350）、波士顿海军造船厂（DD-351、DD-354）、普吉特湾海军造船厂（DD-352）、布鲁克林海军造船厂（DD-353）、费城海军造船厂（DD-355）建造。“法拉古特”级驱逐舰都在1934至1935年间下水并服役。

▲ 从两个角度观察“赫尔”号上层建筑及各种装备，可以看到二战开战后增加的大量防空武器。

“法拉古特”级驱逐舰建成后便一直在海军中服役，主要部署在太平洋地区。1941年12月7日珍珠港事件中，所有八艘“法拉古特”级驱逐舰都在珍珠港内，幸运的是没有遭到袭击。美国参战后，为了加强“法拉古特”级的防空火力，原有的12.7毫米机枪和舰体中部的127毫米主炮被拆除，换成了五门20毫米厄利孔高炮和四门40毫米博福斯高炮。太平洋战争中，“法拉古特”级驱逐舰一直活跃在太平洋上，曾经参加了中途岛海战、瓜岛战役、菲律宾海战等著名战役。战争中，没有一艘“法拉古特”级驱逐舰被敌人击沉，但是“沃登”号却在1943年1月因为意外沉没于阿拉斯加附近，“赫尔”号和“莫纳根”号则在1944年12月的超级台风中沉没。剩余的五艘“法拉古特”级驱逐舰幸存至战争结束，后来被出售拆解。

“法拉古特”级驱逐舰在美国海军驱逐舰发展史上有着重要位置，它是美国的第一级“条约驱逐舰”，其在火力、速度、航程、防护等方面比之前的驱逐舰都有很大的提升，标志着美国海军驱逐舰现代化的开始。

1944年“杜威”号线图

1935年的“法拉古特”号线图

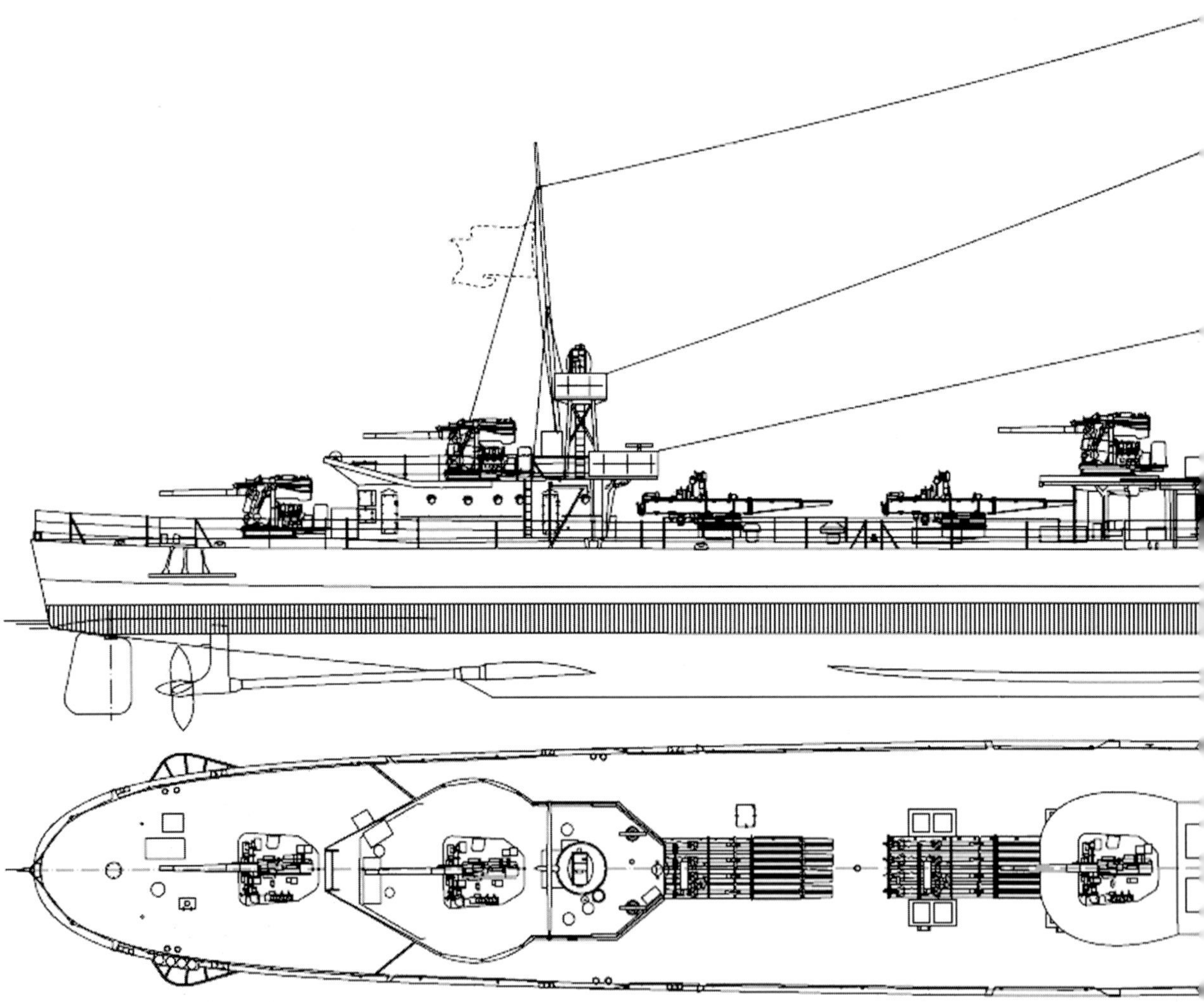

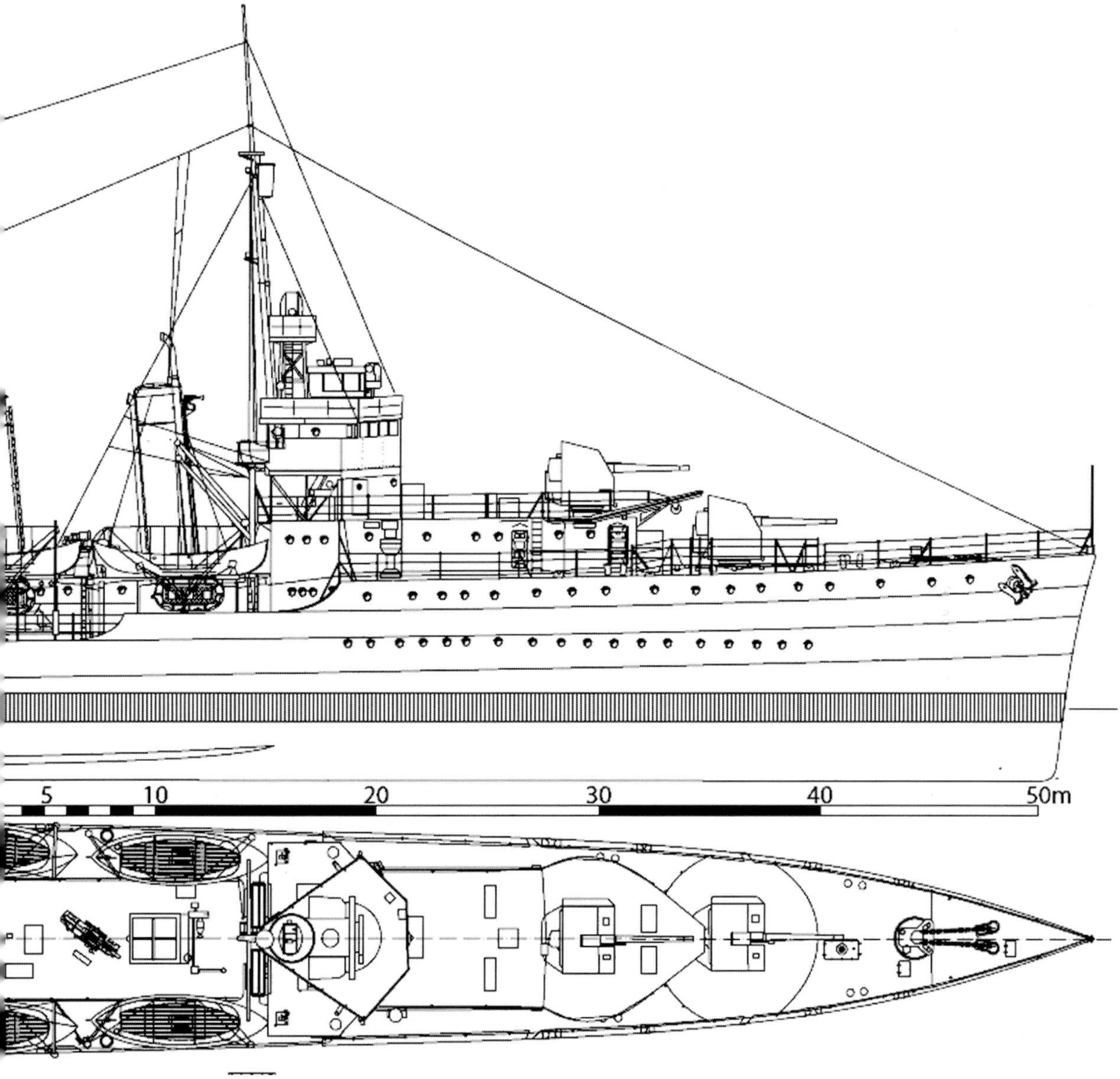
5
10
20
30
40
50m

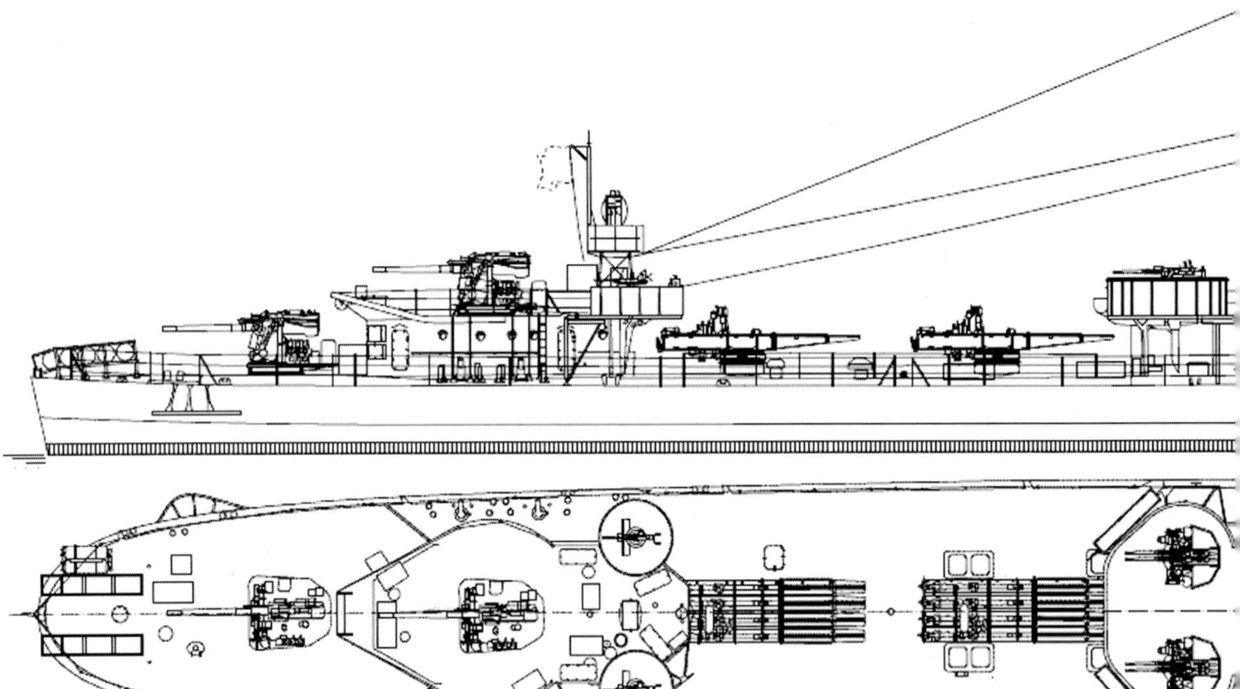

1945年的“杜威”号线图

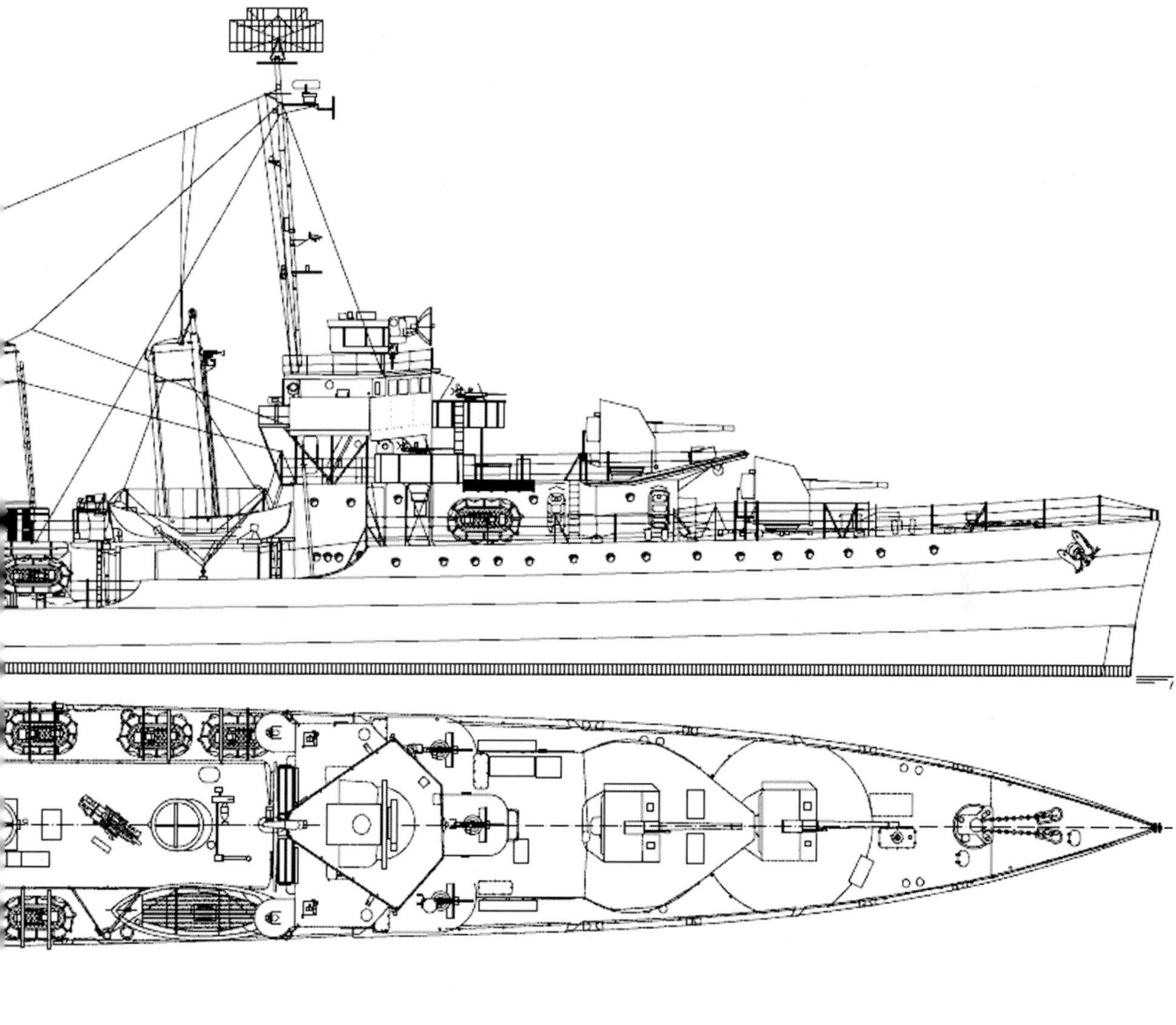

*1944年的"赫尔"号线图*

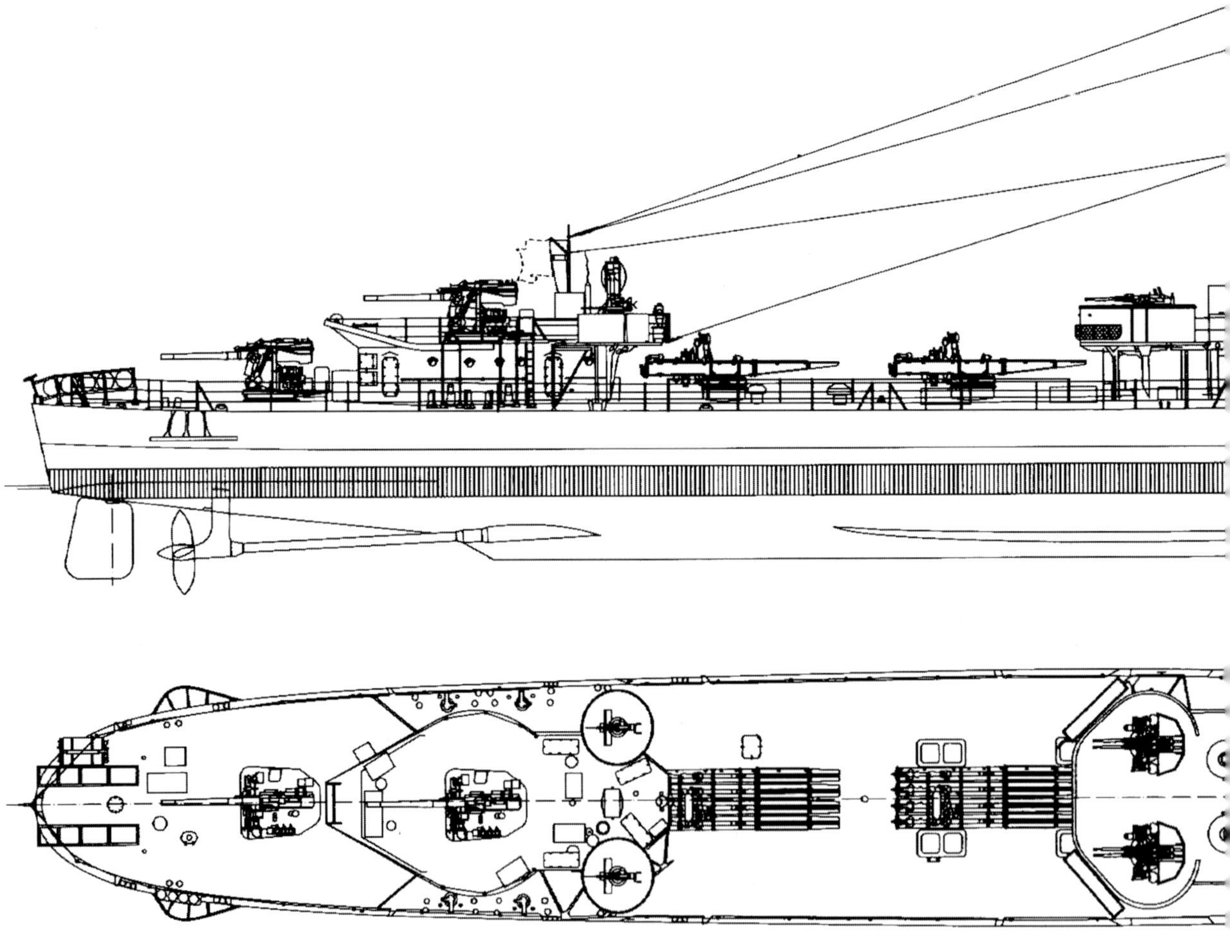

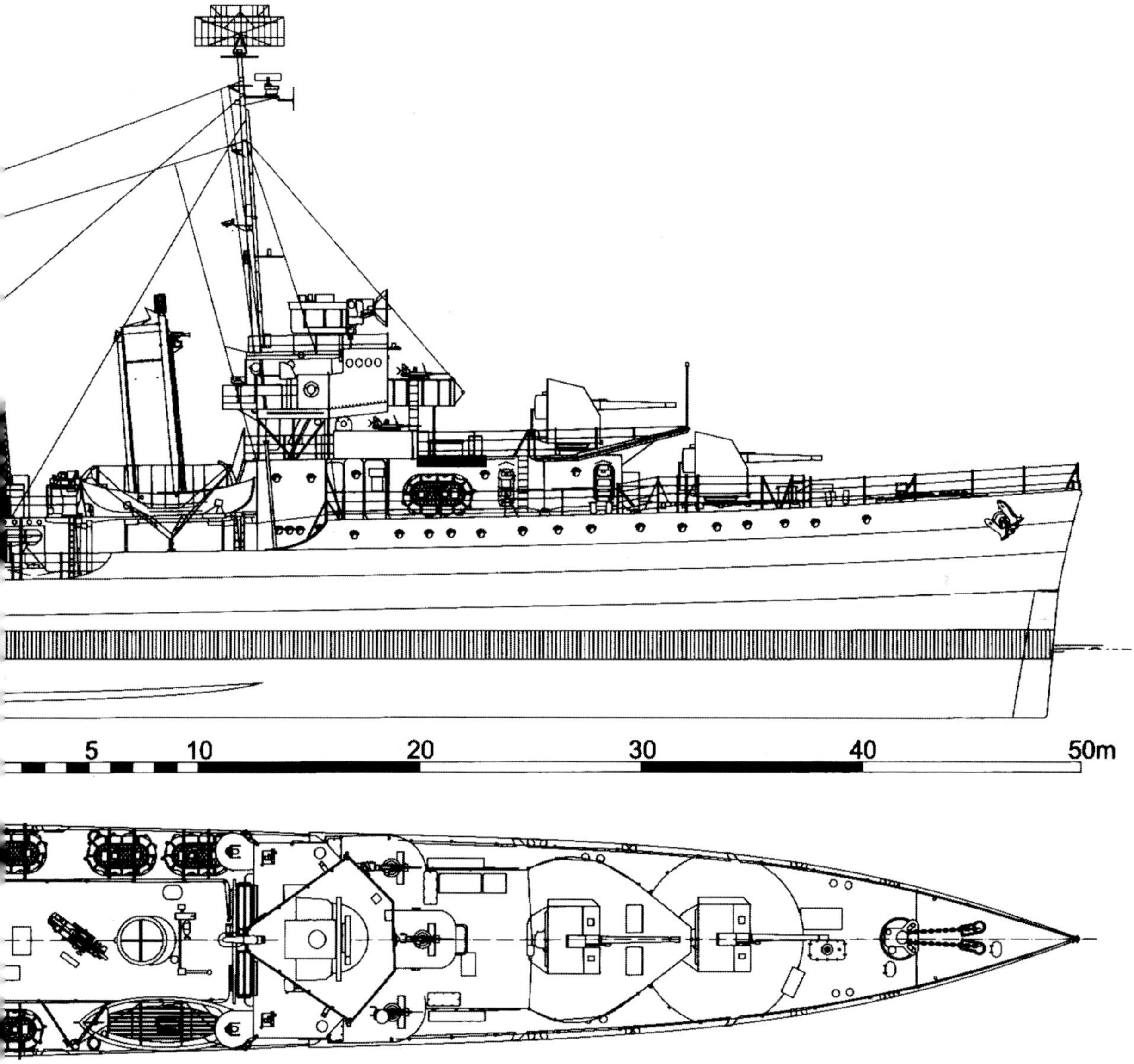
5
10
20
30
40
50m

*1942年的"沃登"号线图*

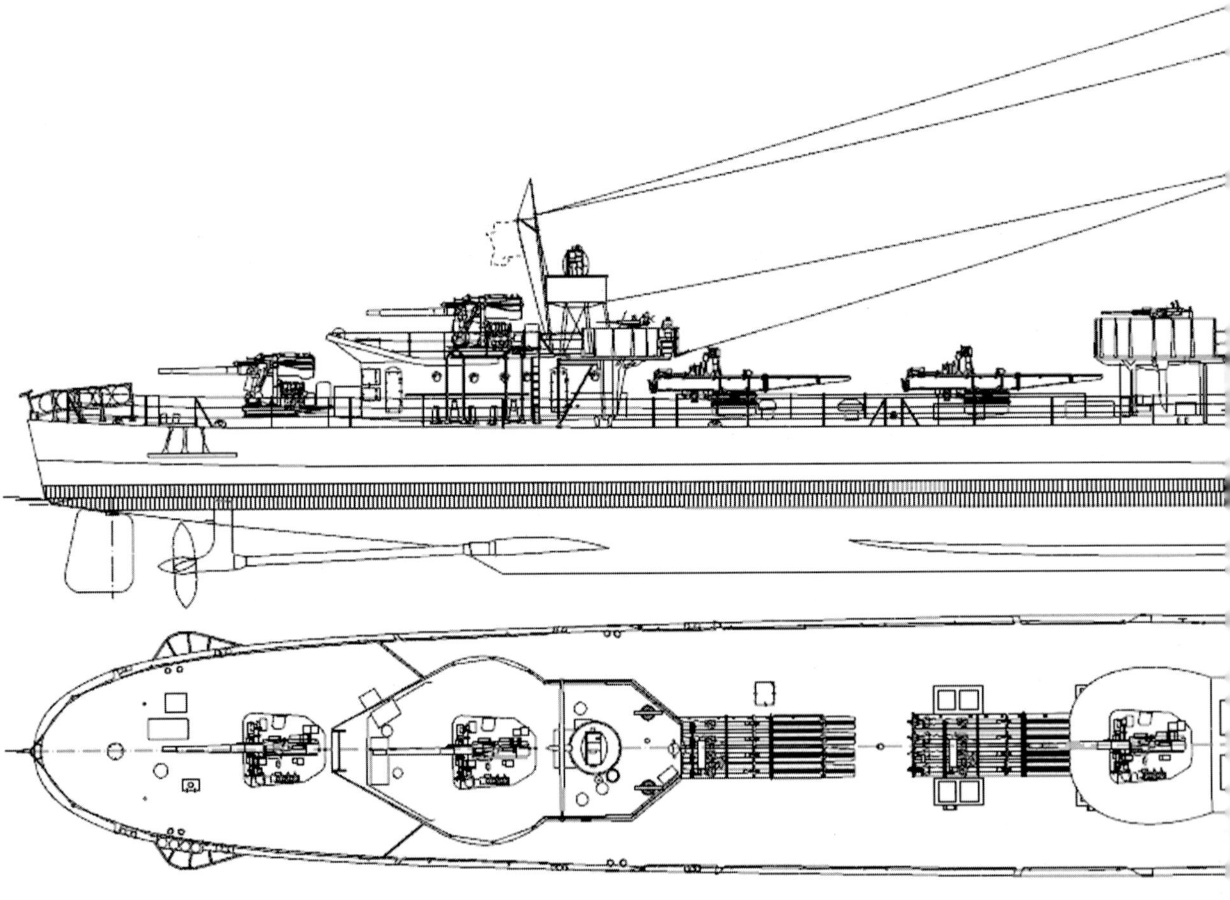

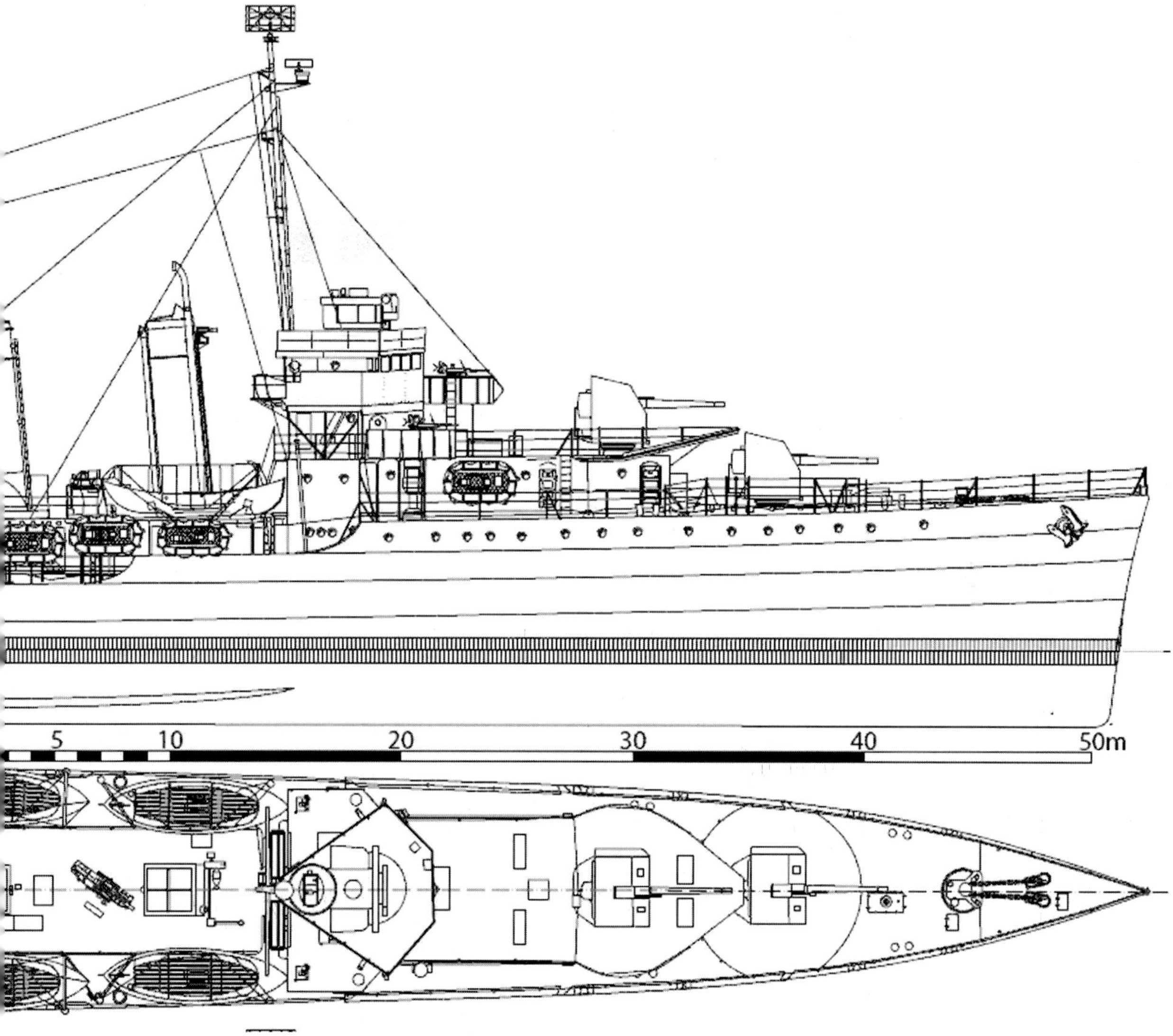
5
10
20
30
40
50m

| 舰名 | 译名 | 建造编号 | 建造船厂 | 开工日期 | 下水日期 | 服役日期 | 命运 |
|---|---|---|---|---|---|---|---|
| Farragut | 法拉古特 | DD-348 | 伯利恒造船厂 | 1932.9.20 | 1934.3.15 | 1934.6.18 | 退役拆解 |
| Dewey | 杜威 | DD-349 | 巴斯钢铁厂 | 1932.12.16 | 1934.7.28 | 1934.10.4 | 退役拆解 |
| Hull | 赫尔 | DD-350 | 纽约造船厂 | 1933.3.7 | 1934.1.31 | 1935.1.11 | 1944 年 12 月 18 日，在台风中沉没 |
| Macdonough | 麦克多诺 | DD-351 | 波士顿海军造船厂 | 1933.5.15 | 1934.8.22 | 1935.3.15 | 退役拆解 |
| Warden | 沃登 | DD-352 | 普吉特湾海军造船厂 | 1932.12.29 | 1934.10.27 | 1935.1.15 | 1943 年 1 月 12 日因意外沉没 |
| Dale | 戴尔 | DD-353 | 布鲁克林海军造船厂 | 1934.2.10 | 1935.1.23 | 1935.6.17 | 退役拆解 |
| Monaghan | 莫纳根 | DD-354 | 波士顿海军造船厂 | 1933.12.21 | 1935.1.9 | 1935.4.19 | 1944 年 12 月 18 日，在台风中沉没 |
| Aylwin | 艾尔文 | DD-355 | 费城海军造船厂 | 1933.9.23. | 1934.7.10 | 1935.3.1 | 退役拆解 |
| **基本技术性能** | | | | | | | |
| 基本尺寸 | 舰长 104 米，舰宽 10.44 米，吃水 4.93 米 | | | | | | |
| 排水量 | 标准 1260 吨 / 满载 1365 吨 | | | | | | |
| 最大航速 | 37 节 | | | | | | |
| 动力配置 | 4 座燃油锅炉，2 台燃气轮机，42800 马力 | | | | | | |
| 武器配置 | 5 × 125 毫米火炮，4 × 12.7 毫米机枪，8 × 533 鱼雷发射管 | | | | | | |
| 人员编制 | 160 名官兵 | | | | | | |

▲ 编队航行中的“法拉古特”号，不远处是三艘战列舰。

其实早在1921年，美国海军就计划建造大型驱逐舰，但是美国国会以正在建造“维克斯”级和“克莱蒙森”级为由否决了这个计划。对手的刺激让美国重新开始考虑研制驱逐领舰，其火力将远超过之前建造的任何一级驱逐舰，而且排水量也达到了《伦敦海军条约》中驱逐舰排水量的上限。

“波特”级采用了上下两层甲板的设计，其高大的前甲板赋予了驱逐舰更好的防浪性能。“波特”级创纪录的安装了八门127毫米高平两用炮，这八门火炮分别位于四座双联装全封闭装甲炮塔中，其中两座位于舰艏，另外两座位于舰艉。除了主炮，“波特”级上还有两座四联装28毫米防空炮。“波特”级上装有两座四联装鱼雷发射管，共搭载8枚鱼雷。“波特”级安装了四台重油燃气锅炉，两座燃气轮机，共有两根烟囱。由于排水量达到1850吨，“波特”级输出功率达到50000马力，其最高航速可达35节。体积巨大的“波特”级拥有增大的载油量，其航程达到了6500海里。

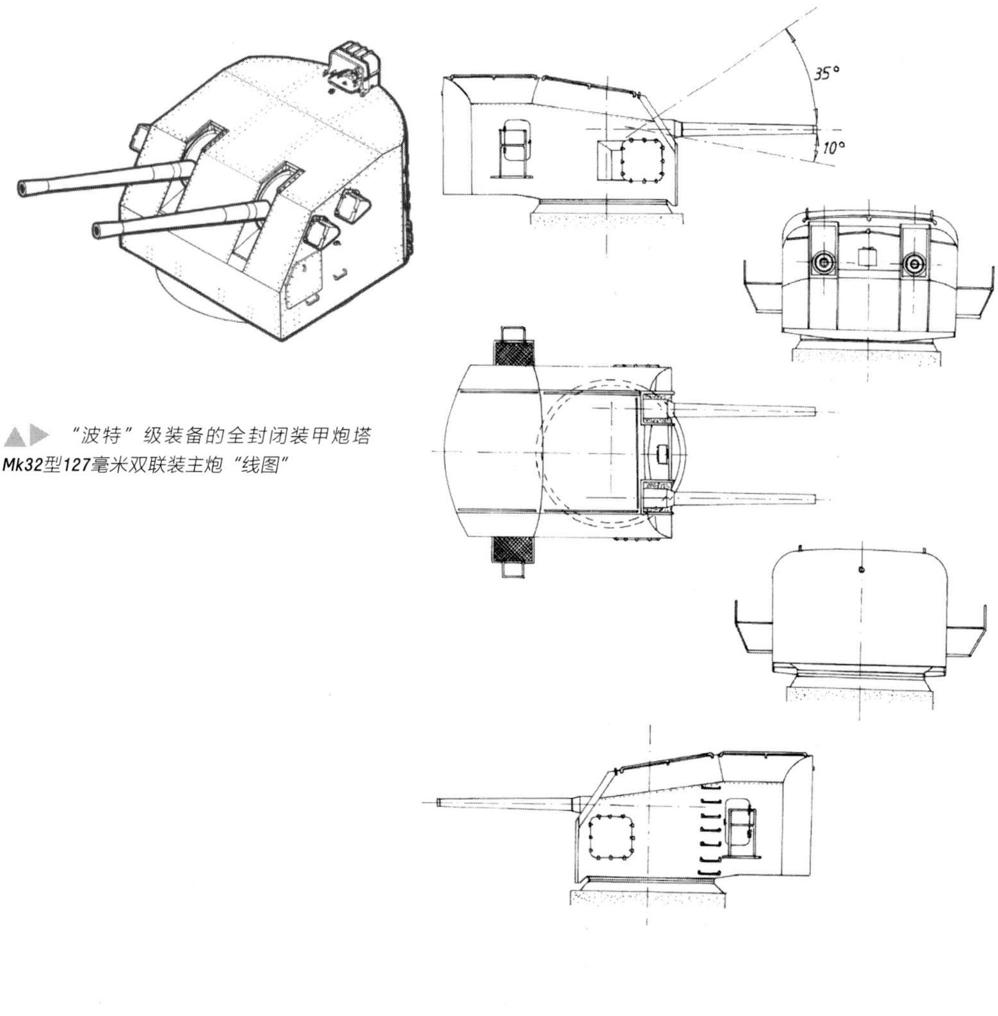


▲▶ “波特”级装备的全封闭装甲炮塔Mk32型127毫米双联装主炮“线图”

▼ “波特”级装备的28毫米四联装防空炮“线图”

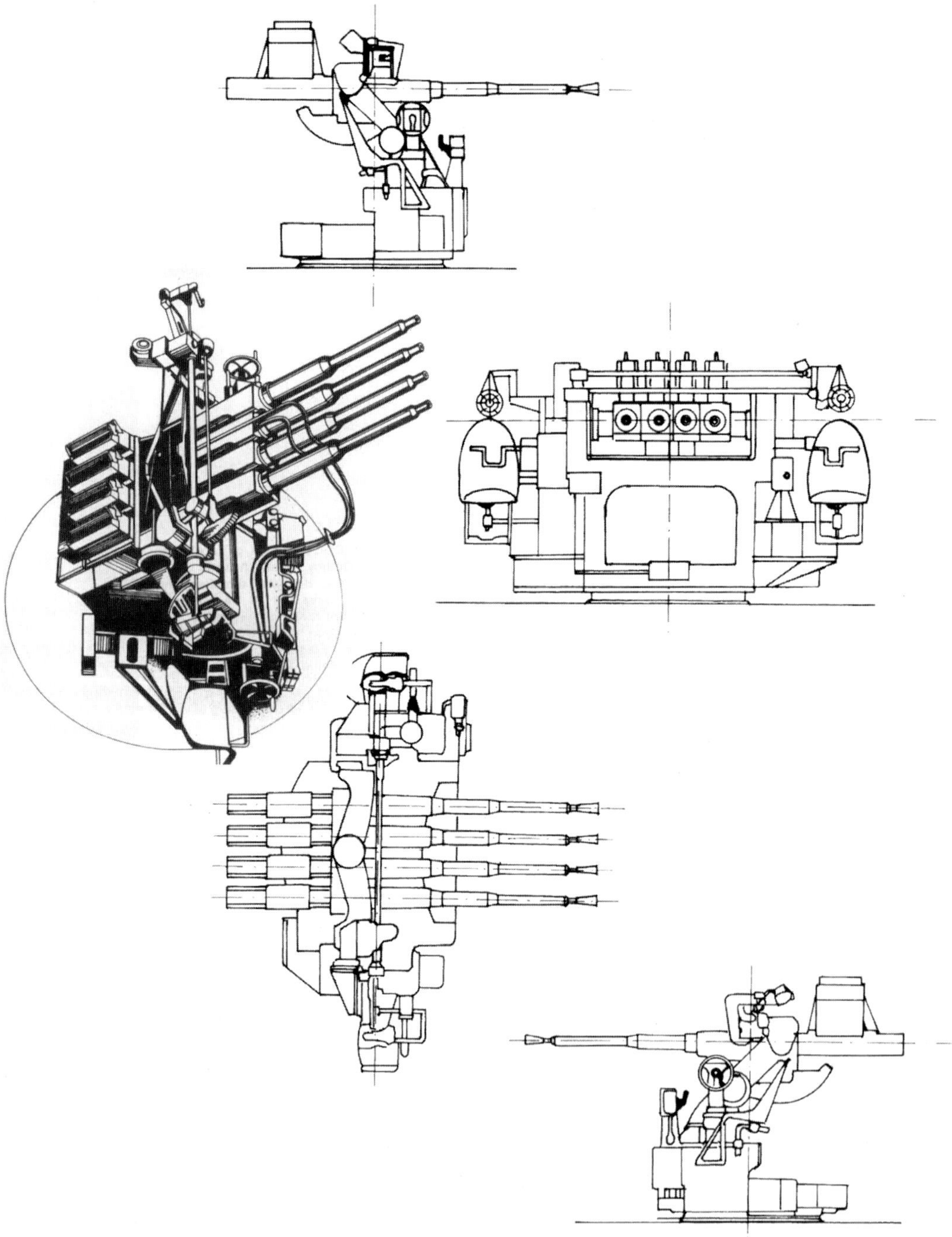

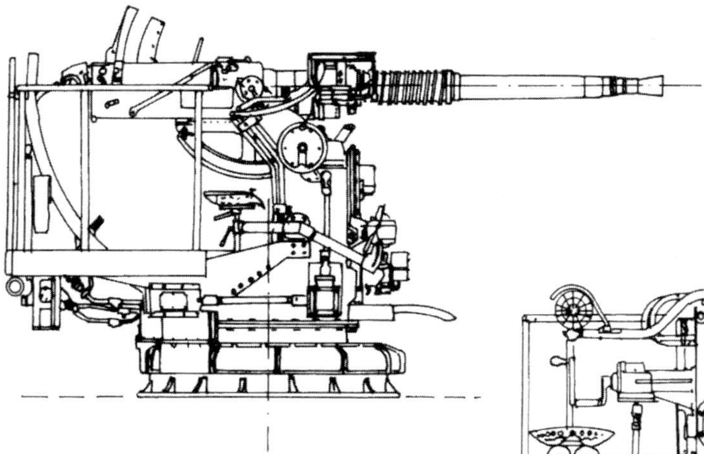

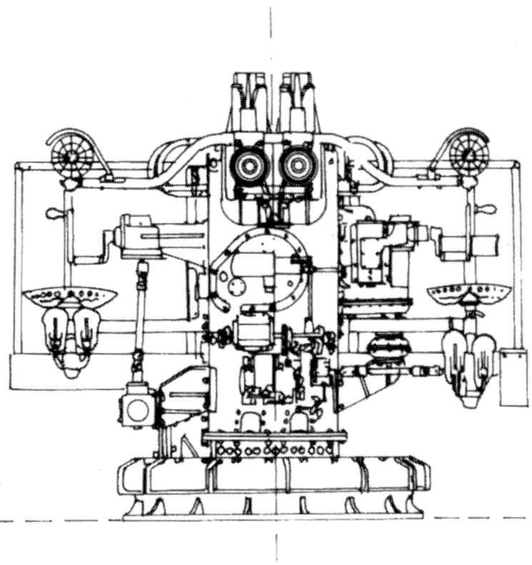

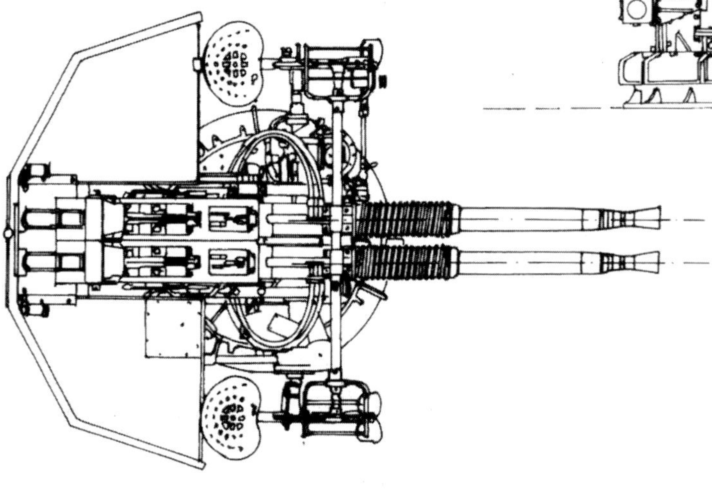

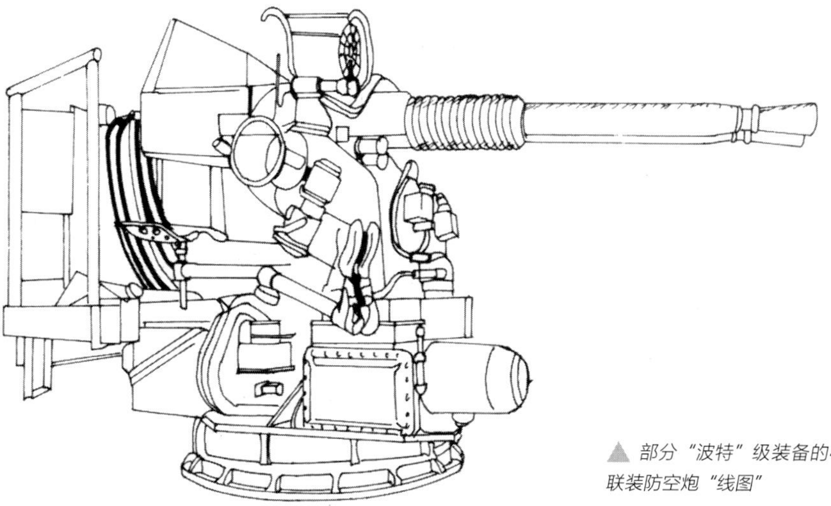

▲ 部分“波特”级装备的40毫米双联装防空炮“线图”

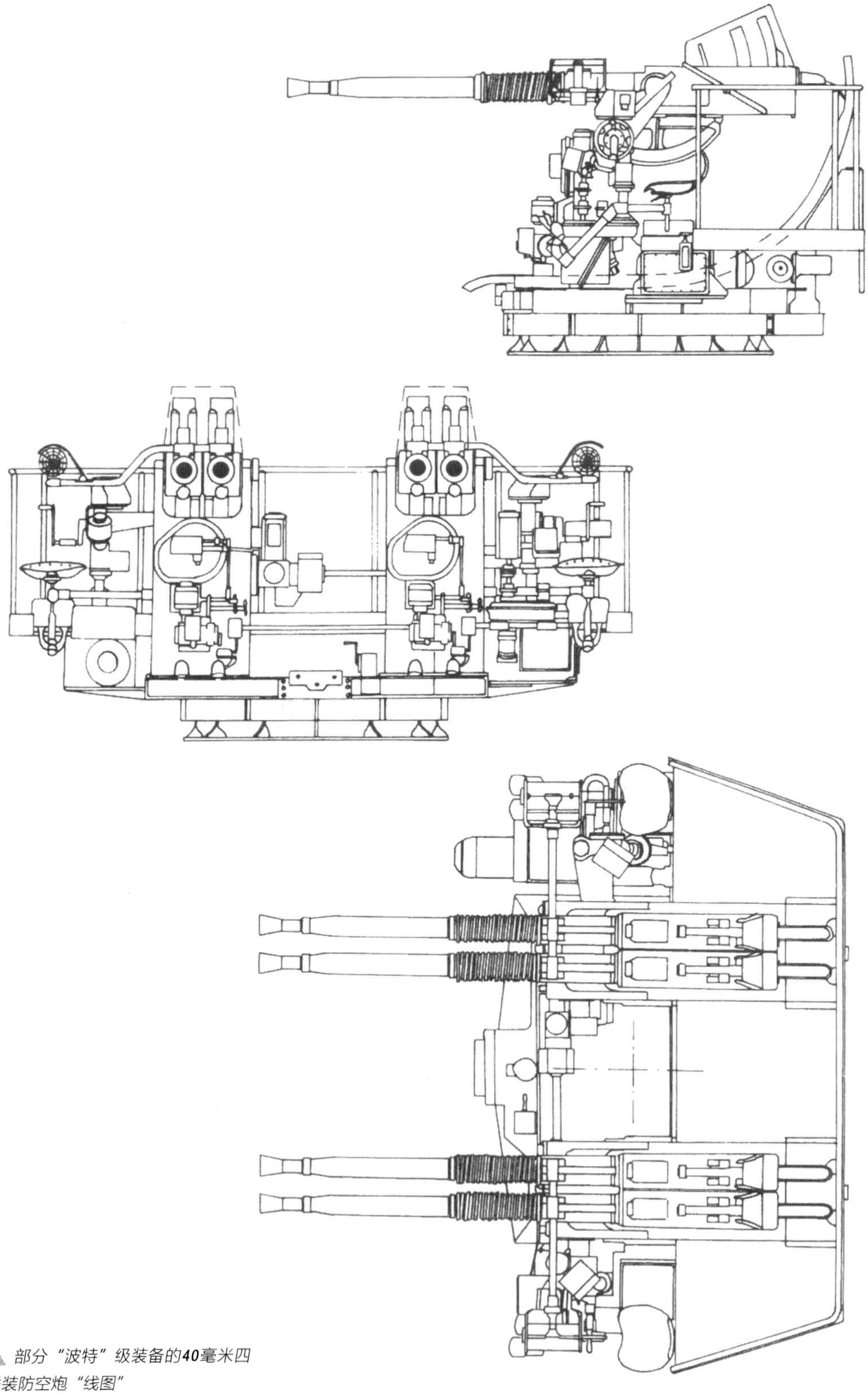

▲ 部分“波特”级装备的40毫米四联装防空炮“线图”

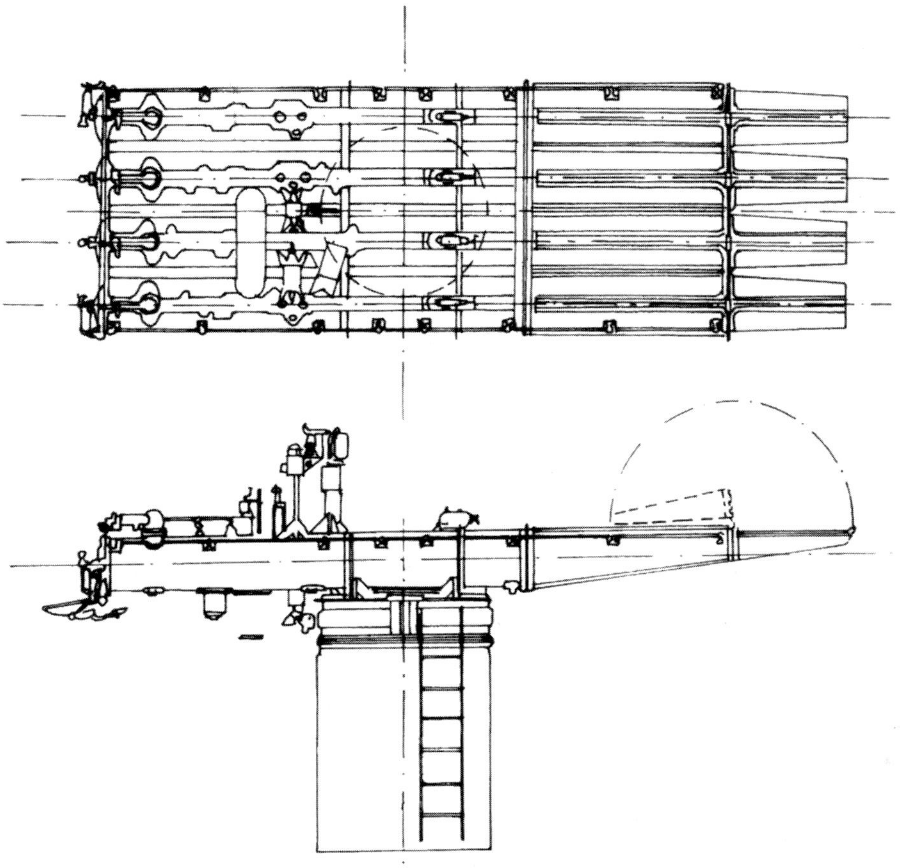

"波特"级装备的四联装鱼雷发射管"线图"

1933年12月18日，"波特"级的首舰"波特"号（DD-356）驱逐舰在纽约造船厂开工建造，该级其他七艘分别在纽约造船厂（DD-357至DD-359）和伯利恒造船厂（DD-360至DD-363）建造。"波特"级驱逐舰都在1935至1936年间下水并服役。

"波特"级驱逐舰建成后便在大西洋和太平洋服役。为了增强"波特"级的防空和反潜能力，美军将军舰上原有的28毫米防空炮拆除，安装了一座双联装的博福斯40毫米高炮和六门20毫米厄利孔高炮，此外在舰艉还安装了两个深水炸弹发射架。美国参加二战后，除了三艘"波特"级在大西洋舰队服役外，其他五艘"波特"级驱逐舰都在太平

◀ “波特”号舰艏的主炮，前后两座炮塔采用了背负式设计。

▼ “波特”号中部的上层建筑及武备，可以看到前后两座四联装鱼雷发射管和大量高射炮。

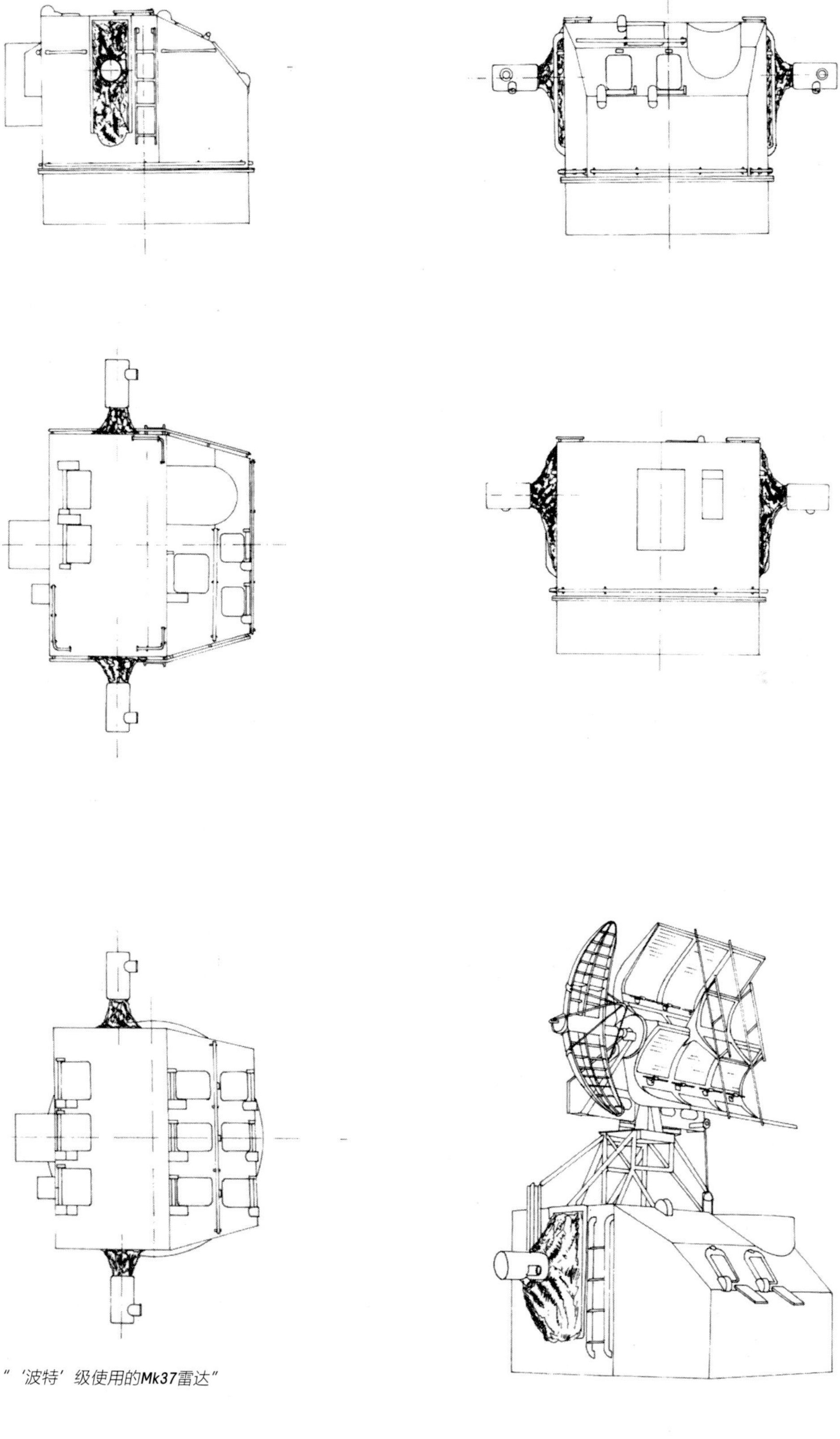

"'波特'级使用的Mk37雷达"

洋作战。1942年10月26日的圣克鲁兹海战中，“波特”号在搭救一架被击落的TBF复仇者式轰炸机飞行员时，飞机上的鱼雷被救生圈缠住，然后撞击了舰体并产生了剧烈爆炸。就这样，倒霉的“波特”号被重创，最后因为无法抢救被己方军舰击沉。除了“波特”号，其他的同级姐妹舰虽然在战争中也有遭受损伤，但是都平安等到战争结束。战后大部分“波特”级驱逐舰都退役了，只有“文斯洛”号被大西洋舰队储备起来，直到1959年才被出售拆解。

“波特”级驱逐舰是美国建造的第一级驱逐领舰，其在吨位、火力、航程、防护等诸多方面都超越了美国海军之前装备的驱逐舰，称得上是一种“超级”驱逐舰。作为驱逐领舰，“波特”级驱逐舰在很多方面已经接近轻型巡洋舰，是一种强大的海上快速火力平台。作为驱逐领舰，“波特”级上有足够的空间容纳通信指挥设备，该级驱逐舰可以作为海上中继平台发挥很好的战场指挥作用。“波特”级驱逐舰可以说是美国海军驱逐舰在条约时代的一枝独秀！

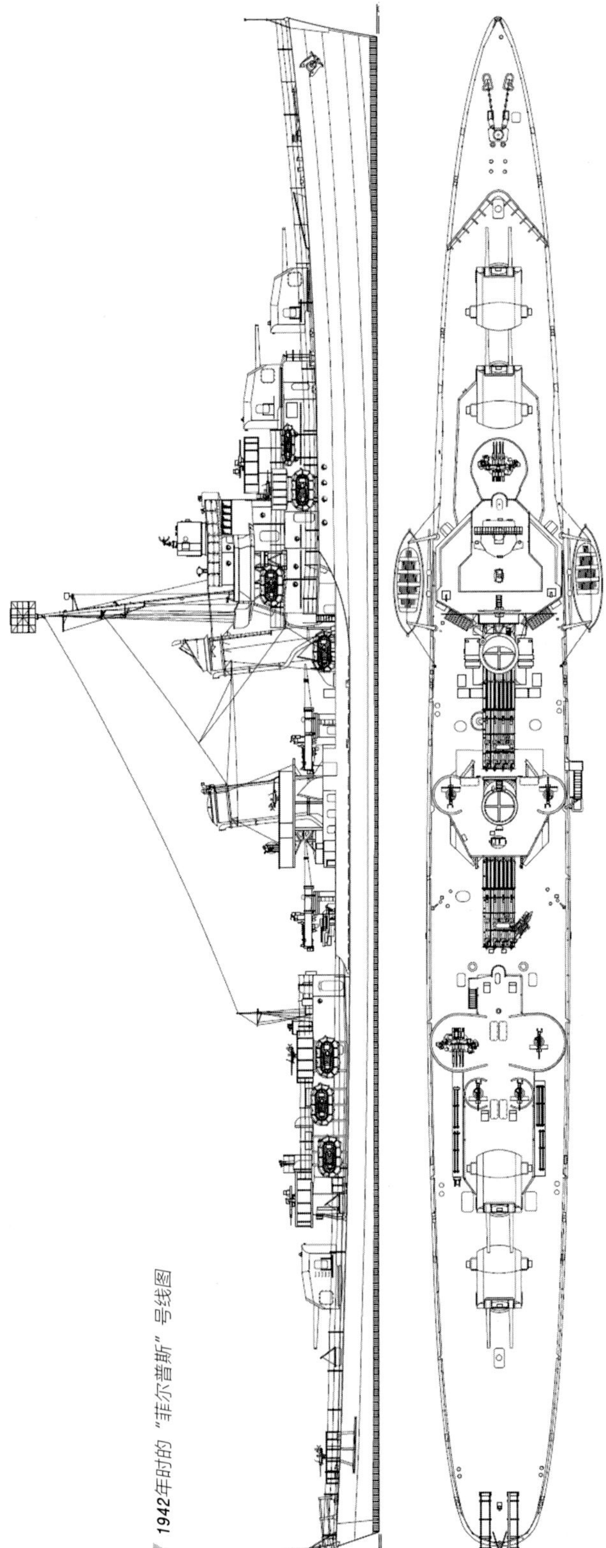

▲1942年时的“菲尔普斯”号线图

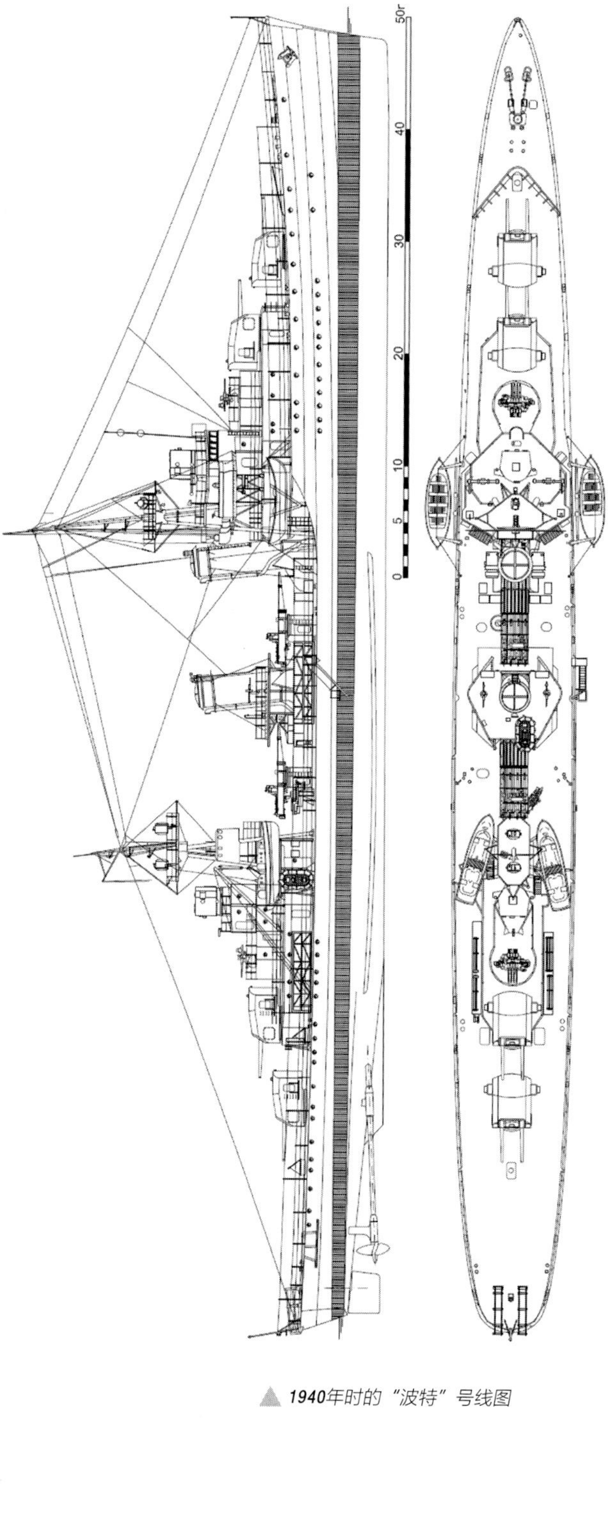

1940年时的“波特”号线图

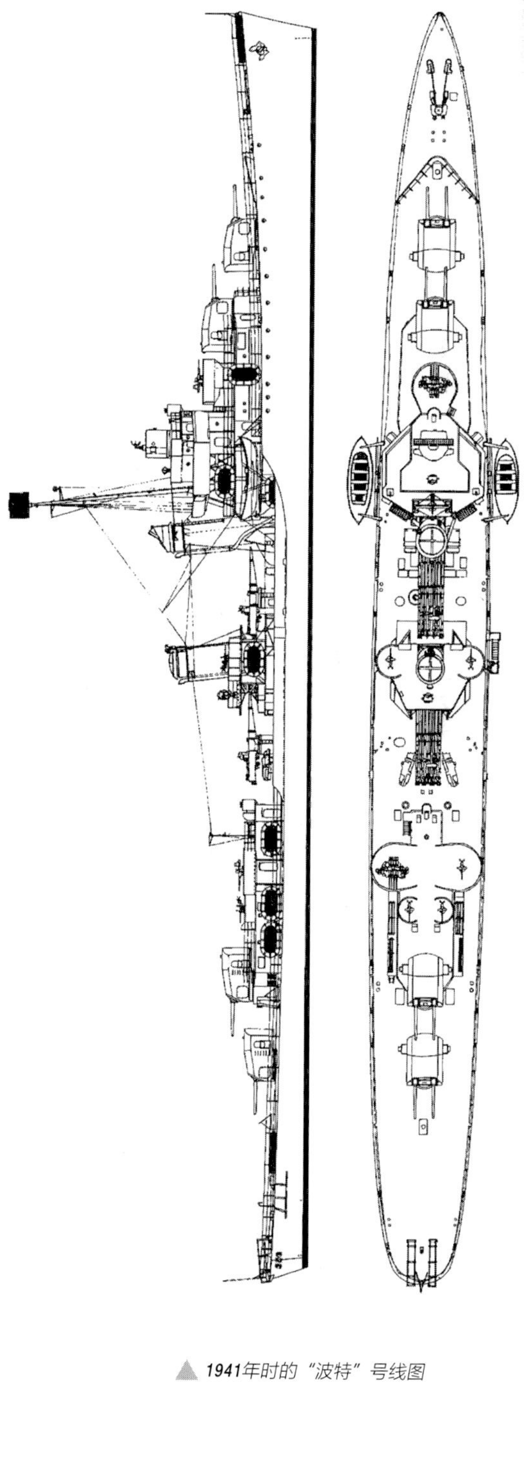

1941年时的“波特”号线图

1942年时的“波特”号线图

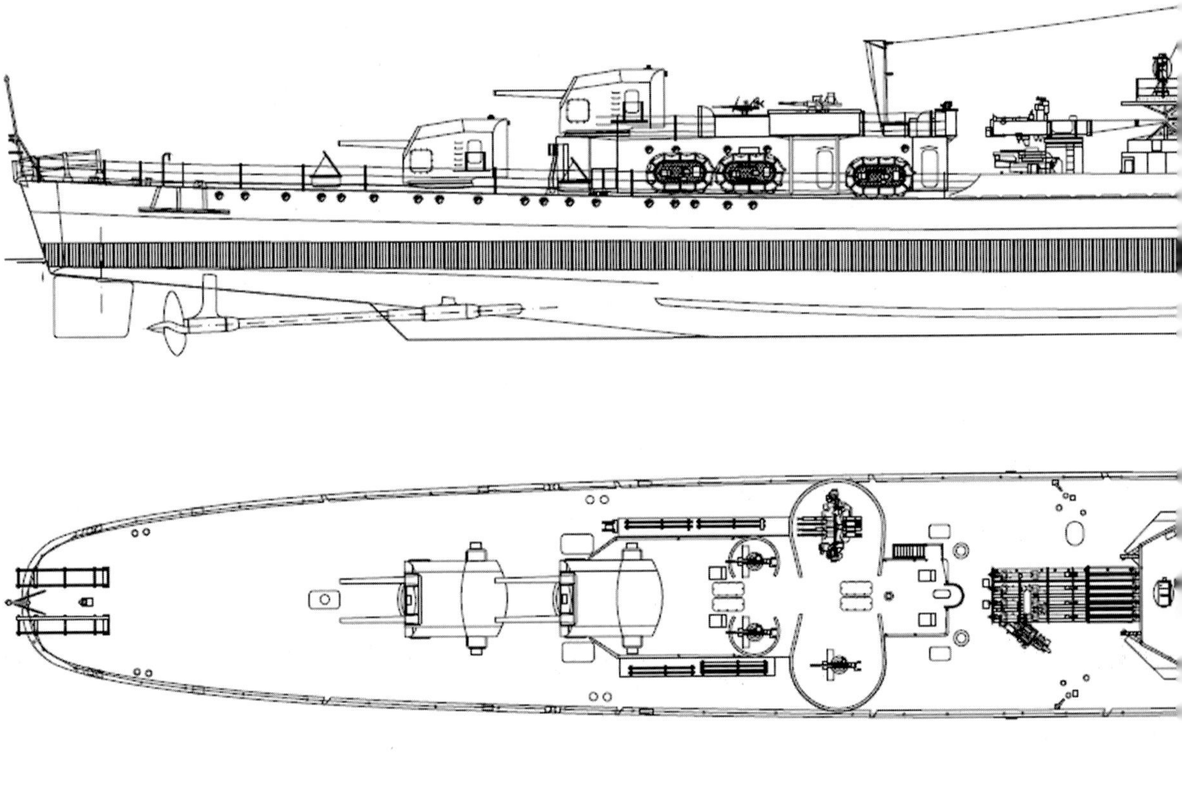

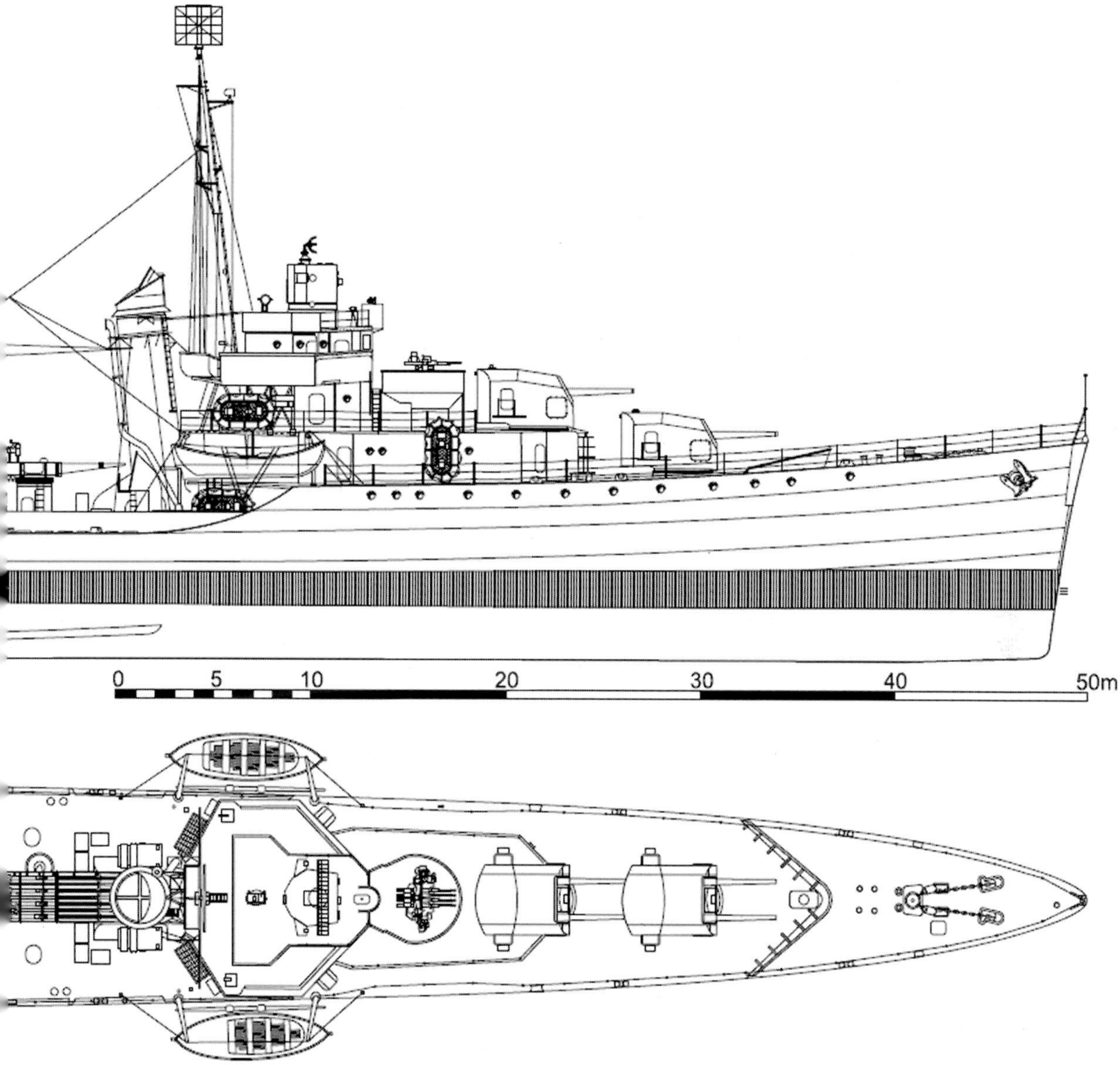
0
5
10
20
30
40
50m

*1944年时的"塞弗里奇"号线图*

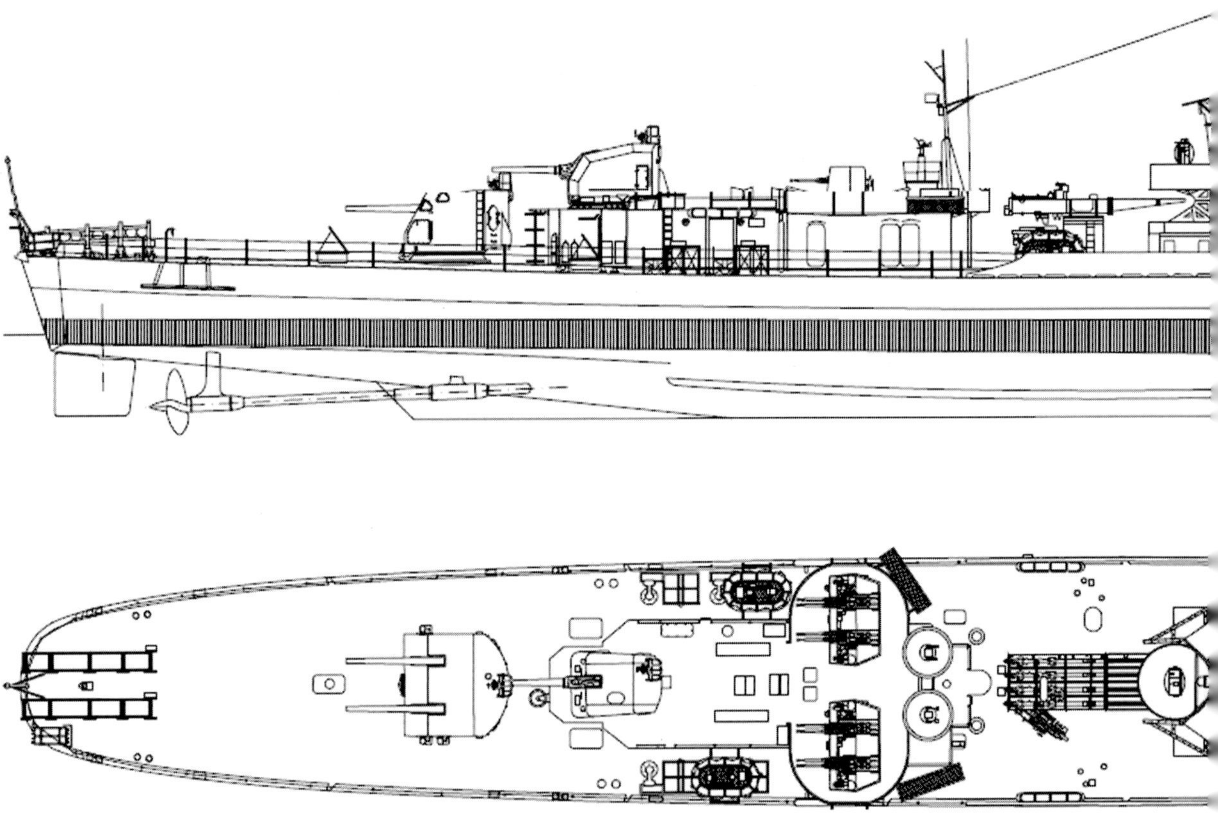

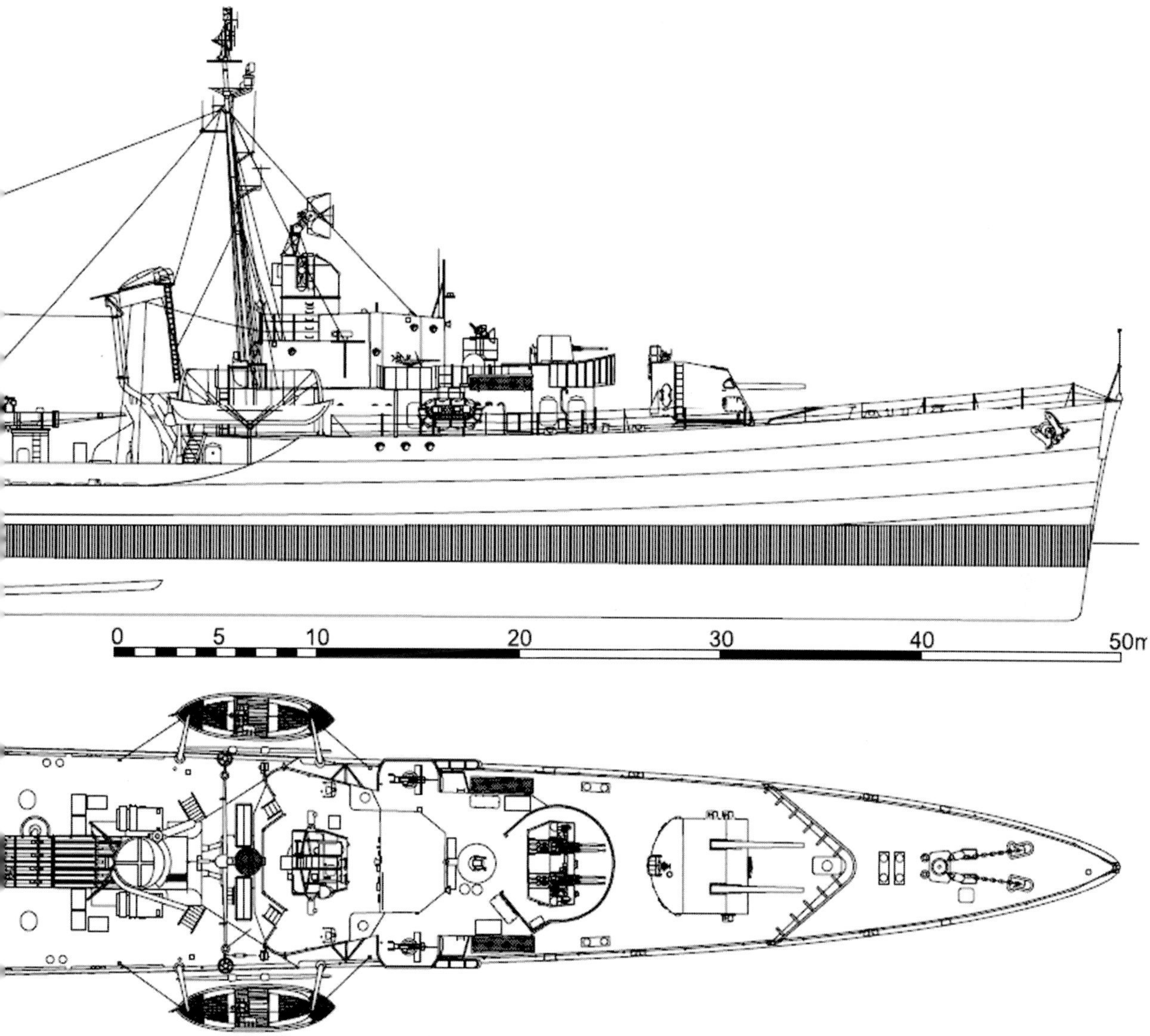
0
5
10
20
30
40
50m

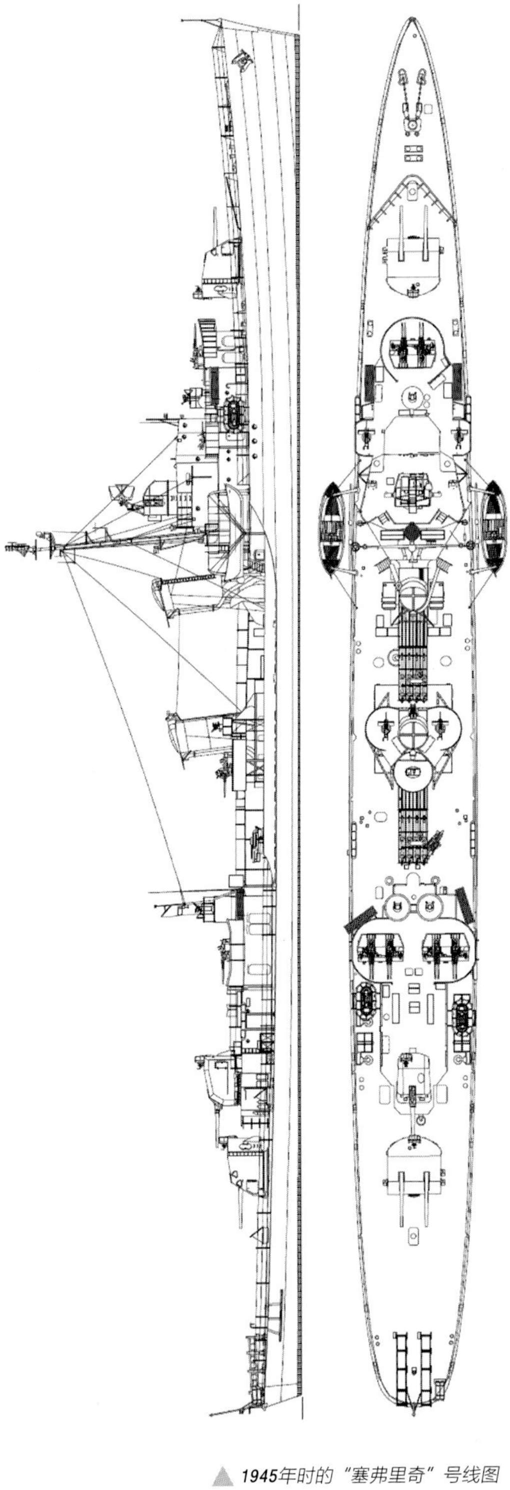

▲ 1945年时的“塞弗里奇”号线图

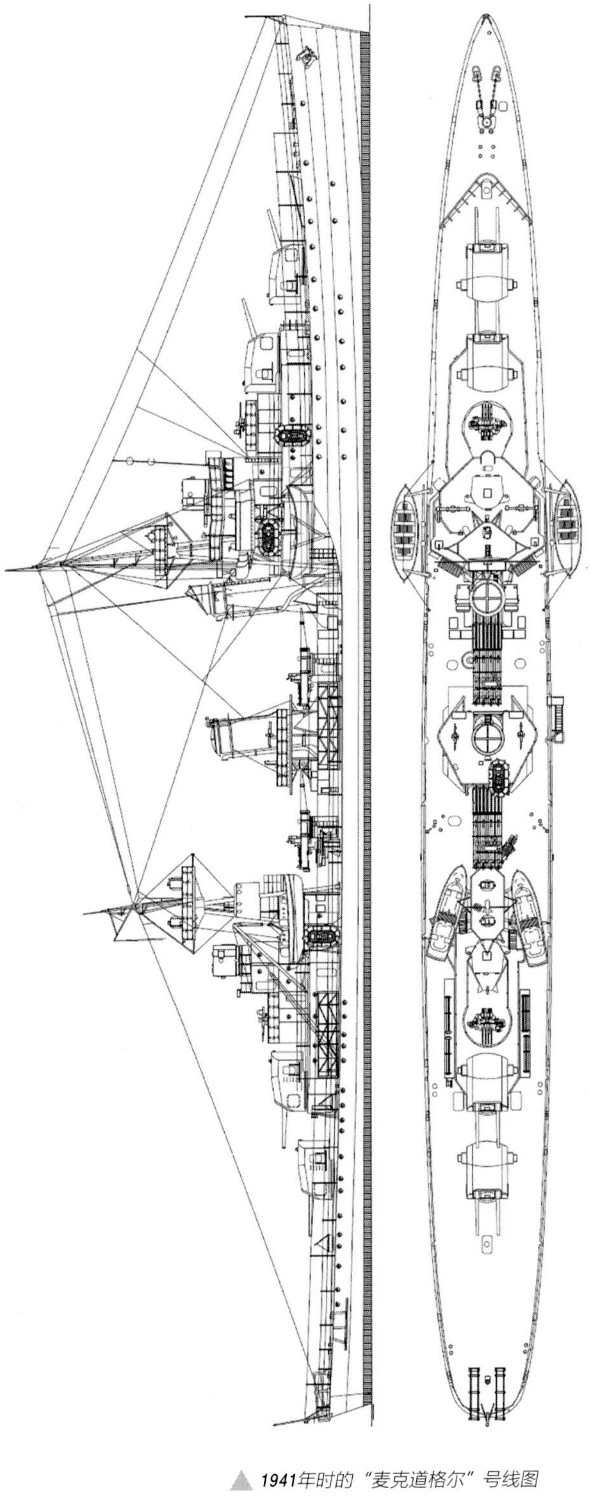

▲ 1941年时的“麦克道格尔”号线图

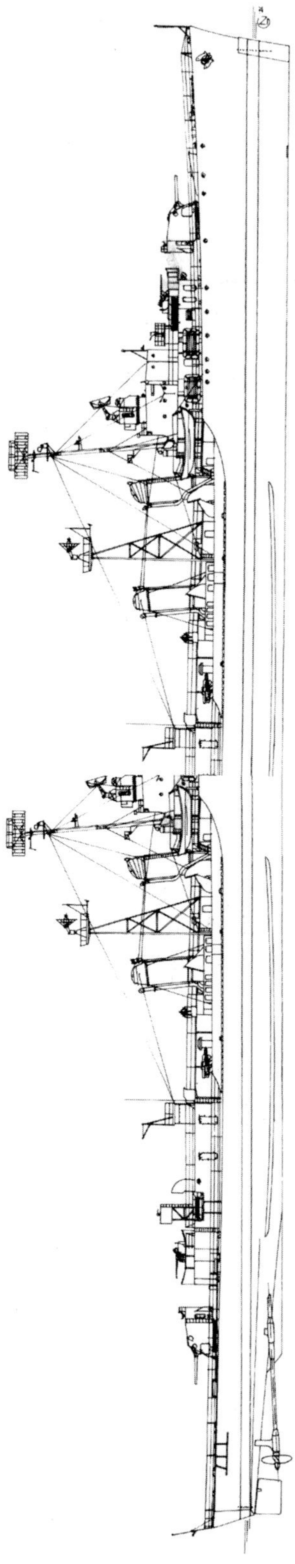

1945年时的"麦克道格尔"号线图

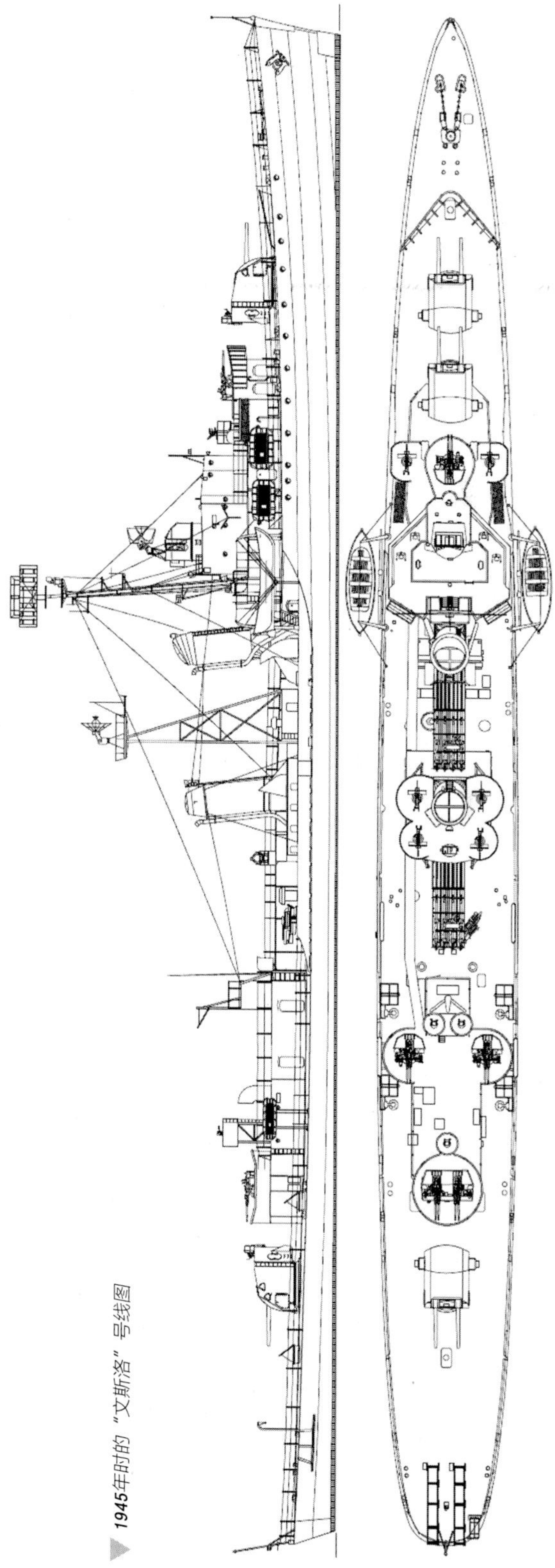

1945年时的"文斯洛"号线图

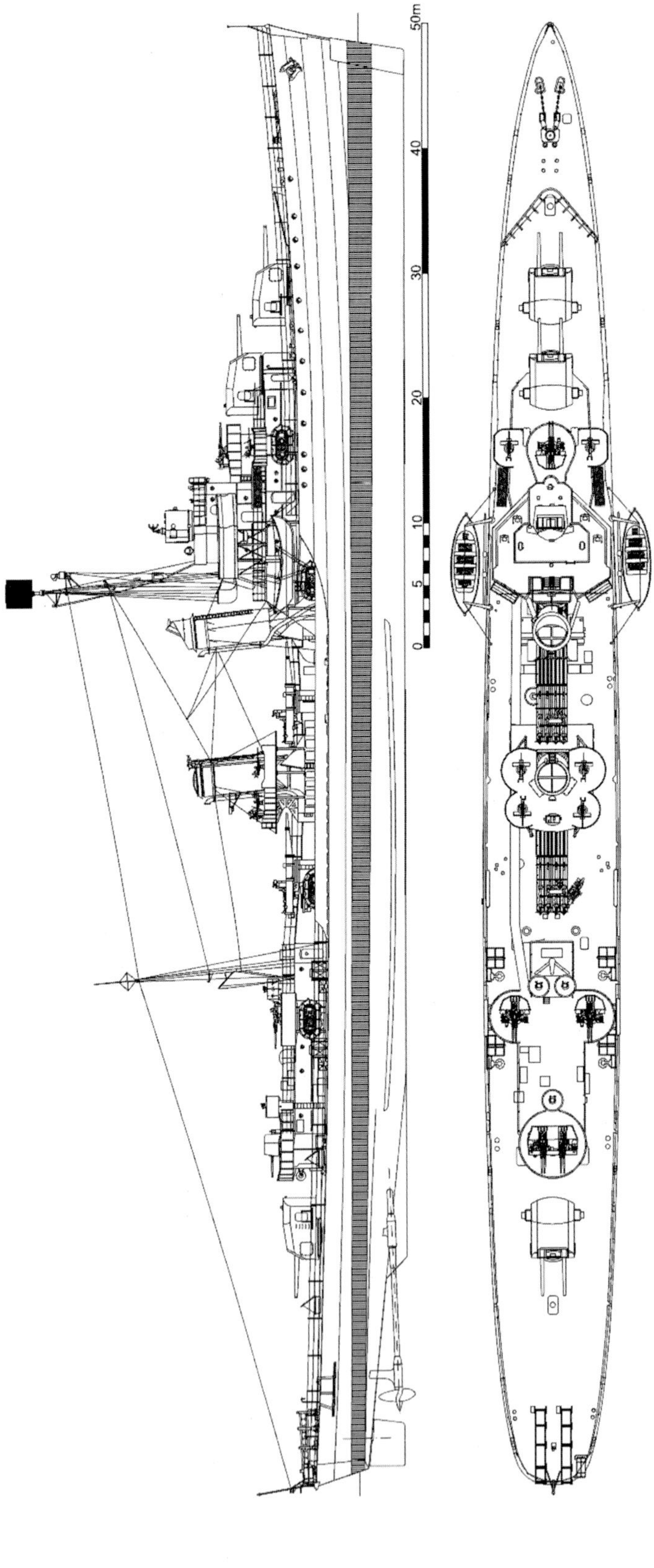


1942年时的“墨菲特”号线图

| 舰名 | 译名 | 建造编号 | 建造船厂 | 开工日期 | 下水日期 | 服役日期 | 命运 |
|---|---|---|---|---|---|---|---|
| Porter | 波特 | DD-356 | 纽约造船厂 | 1933.12.18 | 1935.12.12 | 1936.8.25 | 1942 年 10 月 26 日因事故沉没 |
| Selfridge | 赛弗里奇 | DD-357 | 纽约造船厂 | 1933.12.18 | 1936.4.18 | 1936.11.25 | 退役拆解 |
| McDougal | 麦克道格尔 | DD-358 | 纽约造船厂 | 1933.12.18 | 1936.7.17 | 1936.12.23 | 退役拆解 |
| Winslow | 文斯洛 | DD-359 | 纽约造船厂 | 1933.12.18 | 1936.9.21 | 1937.2.17 | 退役拆解 |
| Phelps | 菲尔普斯 | DD-360 | 伯利恒造船厂 | 1934.1.2 | 1935.7.18 | 1936.2.26 | 退役拆解 |
| Clark | 克拉克 | DD-361 | 伯利恒造船厂 | 1934.1.2 | 1935.10.15 | 1936.5.20 | 退役拆解 |
| Moffett | 墨菲特 | DD-362 | 伯利恒造船厂 | 1934.1.2 | 1935.12.11 | 1936.8.28 | 退役拆解 |
| Balch | 巴尔奇 | DD-363 | 伯利恒造船厂 | 1934.5.16. | 1936.3.24 | 1936.10.20 | 退役拆解 |

| 基本技术性能 | |
|---|---|
| 基本尺寸 | 舰长 116.15 米，舰宽 11.25 米，吃水 5.41 米 |
| 排水量 | 标准 1750 吨 / 满载 1850 吨 |
| 最大航速 | 35 节 |
| 动力配置 | 4 座燃油锅炉，2 台燃气轮机，50000 马力 |
| 武器配置 | 8 × 125 毫米火炮，8 × 28 毫米火炮，8 × 533 鱼雷发射管 |
| 人员编制 | 194 名官兵 |

▲ 海面上的“波特”号，其前后各安装了两座主炮塔。

▼ 接受检阅的“塞弗里奇”号，不远处被它挡住的是“马汉”级的“道恩斯”号。

二战中的“菲尔普斯”号。

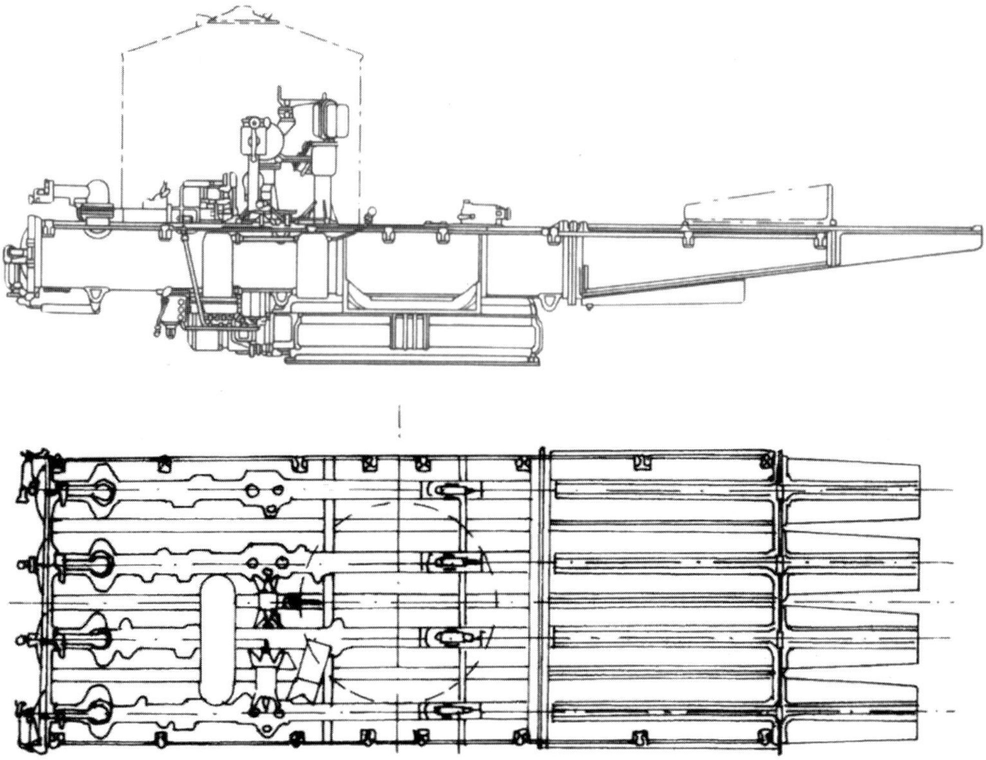

▲“马汉”级使用的Mk14/15型四联装鱼雷发射管线图。

▼“马汉”级使用的深水炸弹导轨线图。

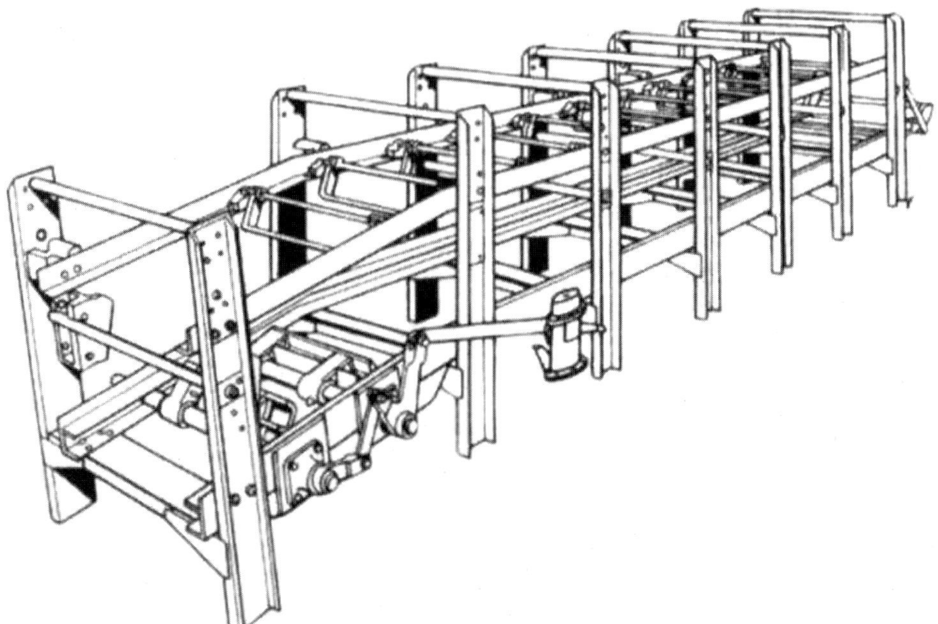

1934年6月12日，“马汉”级的首舰“马汉”号（DD-364）驱逐舰在联合船坞开工建造，该级其他17艘分别在联合造船厂（DD-365、DD-384、DD-385）、巴斯钢铁厂（DD-366DD-367）费德勒尔造船厂（DD-368、DD-369）、波士顿海军造船厂（DD-370、DD-371）、费城海军造船厂（DD-372、DD-373）、诺福克海军造船厂（DD-374、DD-375）、普吉特湾海军造船厂（DD-376、DD-377）和梅尔岛海军造船厂（DD-378、DD-379）建造。“马汉”级驱逐舰都在1935至1937年间下水并服役。

▲ 停泊在一起的四艘“马汉”级驱逐舰，分别是“库辛”号、“肖”号、“康明斯”号和“塔克”号。

▼ 从“邓拉普”号上发射的鱼雷，可以看到两座四联装鱼雷发射管都指向了同一方向。

有些观点认为，在“马汉”级之内还分出“邓拉普”级（Dunlap class）驱逐舰，该级包括有“邓拉普”号和“范宁”号两艘驱逐舰。“邓拉普”级与“马汉”级的主要区别是该级驱逐舰没有后主桅，位于舰体中部的127毫米炮具有更好的射界。“邓拉普”级驱逐舰设计中的最大亮点是舰艏的两门主炮是安装在全封闭装甲炮塔中，这是美国海军驱逐舰上第一次采用全封闭炮塔的设计。

“马汉”级的18艘驱逐舰服役之后主要在太平洋和美国西海岸执行任务，当日军偷袭珍珠港时，“马汉”级的“康明斯”号、“里德”号、“格斯”号、“卡辛”号、“道恩斯”号和“肖”号都在港内，其中“康明斯”号、“里德”号和“格斯”号几乎毫发无损，而“卡辛”号和“道恩斯”号因为与战列舰“宾夕法尼亚”号停泊在干船坞中，结果船坞被日军投掷的一枚燃烧弹击中并引发大火，两艘驱逐舰被严重烧毁，直到1943年才被修复；同样停泊在干船坞中的“肖”号驱逐舰也被三枚炸弹命中，该舰在1942年被修复。

除了在珍珠港内的军舰，其他“马汉”级驱逐舰在1941年12月7日当天不是正在周边巡逻就是在本土的船厂进行维修改造。战争爆发之后，针对“马汉”级武器系统的改进从1942年春天就开始了，断断续续一直持续到1944年。改进主要集中在增强防空能力上，为了腾出空间，“马汉”级中部的一门127毫米炮被拆掉，取而代之的是两座双联装40毫米博福斯高炮和六门20毫米厄利孔高炮。1945年1月，为了进一步增强防空能力，海军方面又拆除了位于舰体两侧的两座四联装鱼雷发射管，增设了两座双联装40毫米博福斯高炮。6月，为了扩大40毫米博福斯高炮的射界，军舰上的后主桅也被拆除。除了增加武器，“马汉”级还加装了GFFC Mark 63超视距雷达，以增强其防空预警能力。

在太平洋战争中，“马汉”级可以说是多面手，其主要负责巡逻、反潜、护航、运输及两栖登陆时对地攻击等任务。活跃在战争上的“马汉”级在建立功勋之时也遭受了不小的损失：1942年8月2日，“塔克”号因为误入雷区而触雷沉没；1942年11月13日至14日夜，日军舰队偷袭了在瓜达尔卡纳尔岛附近海域的美国舰队，“库辛”号和“雷斯顿”号两艘驱逐舰在战斗中被击沉；1944年11月29日，“柏金斯”号驱逐舰被一艘澳大利亚运兵船撞沉；1944年12月7日，当“马汉”号在莱特岛和庞森岛之间进行巡逻时遭到日本“神风特攻队”自杀飞机的袭击，最终因为无法修复而被友舰击沉；就在“马汉”号遭到自杀飞机攻击后不久的12月11日下午，“里德”号遭到日军五架自杀飞机的围攻，最终被击中并引发剧烈爆炸而沉没。

二战结束后，幸存的“马汉”级驱逐舰全部退役，除了被出售拆解外，“林森”号和“康宁汉”号两艘驱逐舰参加了1946年在比基尼环礁的核试验，后来都沉没了。“马汉”级驱逐舰是“法拉古特”级驱逐舰的火力强化版，该级驱逐舰在满载排水量上已经接近了《伦敦海军条约》的上限。安装了全封闭装甲炮塔的“马汉”级标志了美国海军驱逐舰全封闭炮塔的开始，它们的身影曾经出现在太平洋上汹涌的波涛之中。

1944年的“德雷顿”号线图

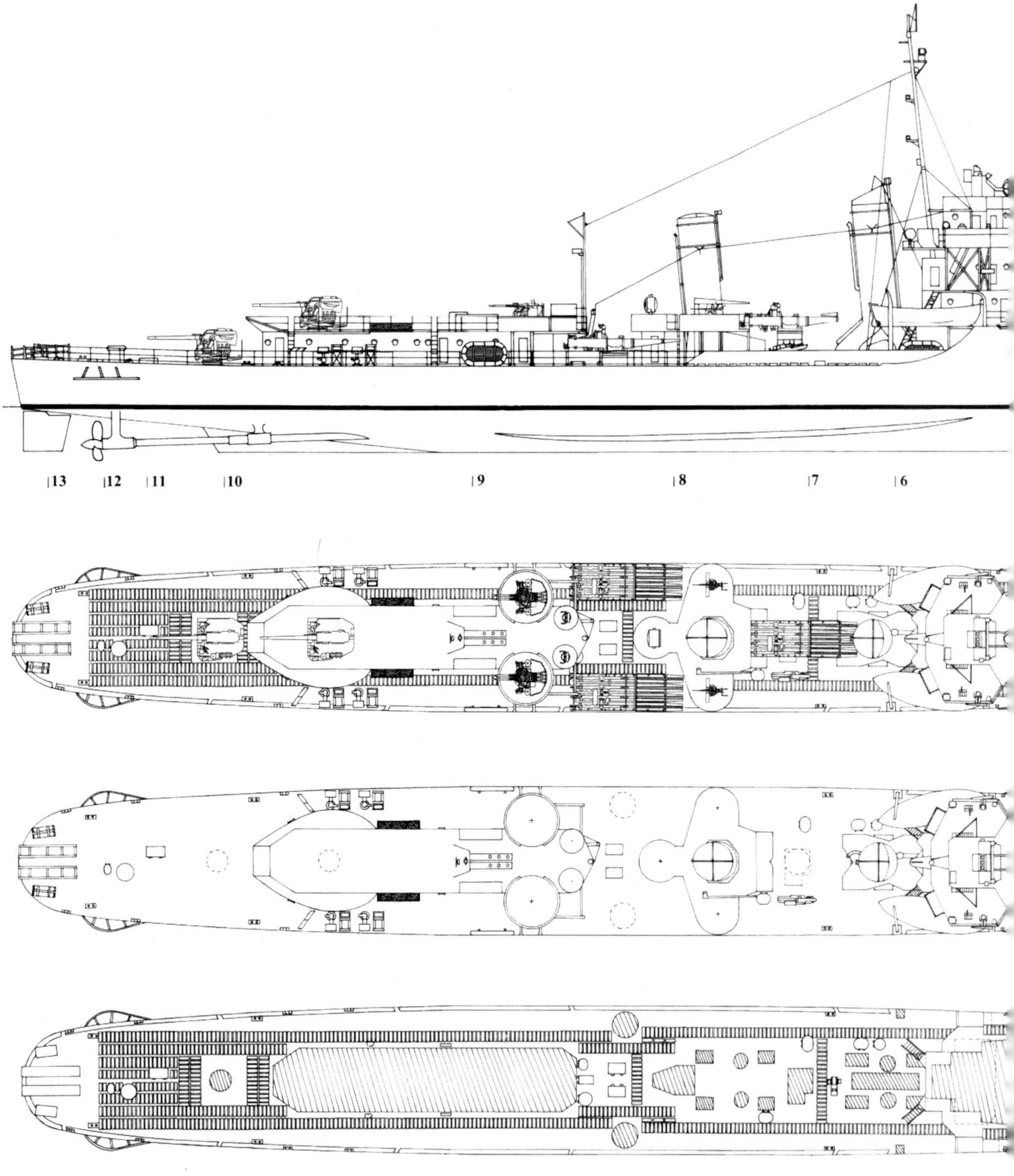

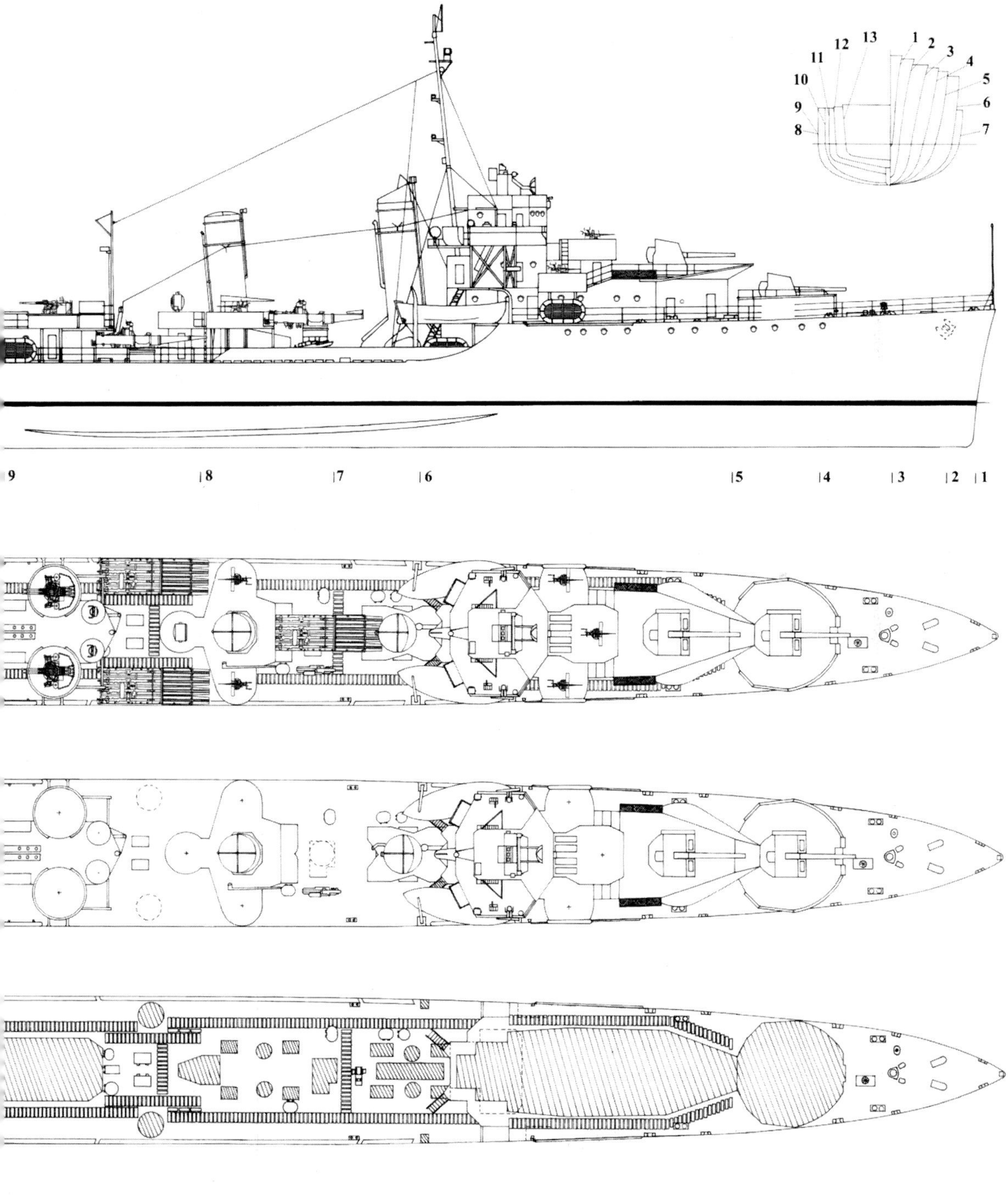
13
1
12
2
11
3
4
10
5
9
6
8
7
9
8
7
6
5
4
3
2
1

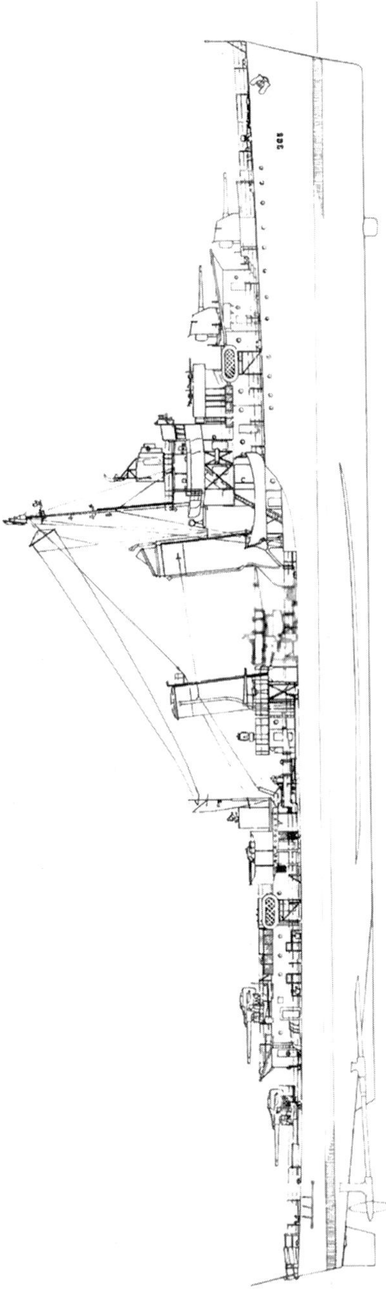

▲ "康明斯"号线图

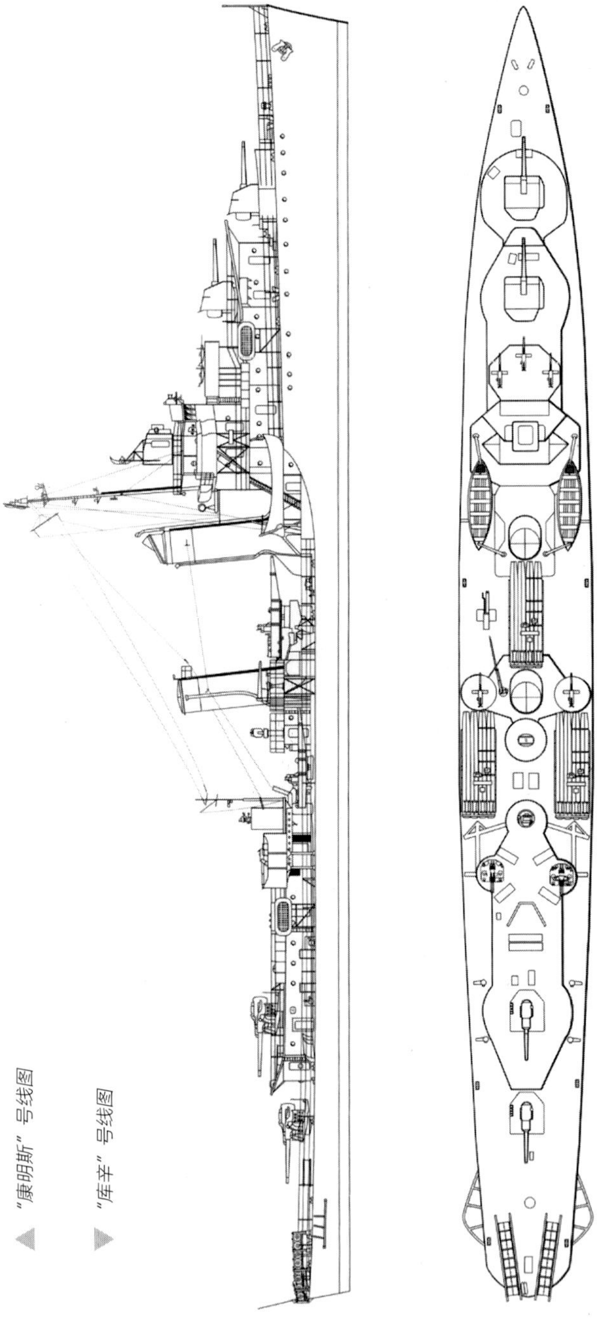

▼ "库辛"号线图

| 舰名 | 译名 | 建造编号 | 建造船厂 | 开工日期 | 下水日期 | 服役日期 | 命运 |
|---|---|---|---|---|---|---|---|
| Mahan | 马汉 | DD-364 | 联合船坞 | 1934.6.12 | 1935.10.15 | 1936.9.18 | 1944 年 12 月 7 日被日军重创后被美军击沉 |
| Cummings | 康明斯 | DD-365 | 联合造船厂 | 1934.6.26 | 1935.12.11 | 1936.11.25 | 退役拆解 |
| Drayton | 杜雷顿 | DD-366 | 巴斯钢铁厂 | 1934.3.20 | 1935.3.26 | 1936.9.1 | 退役拆解 |
| Lamson | 林森 | DD-367 | 巴斯钢铁厂 | 1934.3.20 | 1936.6.17 | 1936.10.21 | 1946 年在比基尼环礁核试验中沉没 |
| Flusser | 傅拉瑟 | DD-368 | 费德勒尔造船厂 | 1934.6.4 | 1935.9.28 | 1936.10.1 | 退役拆解 |
| Reid | 里德 | DD-369 | 费德勒尔造船厂 | 1934.6.25 | 1936.1.11 | 1936.11.2 | 1944 年 12 月 11 日被日军击沉 |
| Case | 格斯 | DD-370 | 波士顿海军造船厂 | 1934.9.19 | 1935.9.14 | 1936.9.15 | 退役拆解 |
| Conyngham | 康宁汉 | DD-371 | 波士顿海军造船厂 | 1934.9.19 | 1935.9.14 | 1936.11.4 | 1946 年在比基尼环礁核试验中沉没 |
| Cassin | 卡辛 | DD-372 | 费城海军造船厂 | 1934.10.1 | 1935.10.28 | 1936.8.21 | 退役拆解 |
| Shaw | 肖 | DD-373 | 费城海军造船厂 | 1934.10.1 | 1935.10.28 | 1936.9.18 | 退役拆解 |
| Tucker | 塔克 | DD-374 | 诺福克海军造船厂 | 1934.8.15 | 1936.2.26 | 1936.7.23 | 1942 年 8 月 2 日因意外沉没 |
| Downes | 道恩斯 | DD-375 | 诺福克海军造船厂 | 1934.8.15 | 1936.4.22 | 1937.1.15 | 退役拆解 |
| Cushing | 库辛 | DD-376 | 普吉特湾海军造船厂 | 1934.8.15 | 1935.12.31 | 1936.8.28 | 1942 年 11 月 13 日被日军击沉 |
| Perkins | 柏金斯 | DD-377 | 普吉特湾海军造船厂 | 1934.11.16 | 1935.12.31 | 1936.9.18 | 1944 年 11 月 29 日因意外沉没 |
| Smith | 史密斯 | DD-378 | 梅尔岛海军造船厂 | 1934.10.27 | 1936.2.20 | 1936.9.19 | 1947 年 2 月 25 日被凿沉 |
| Preston | 雷斯顿 | DD-379 | 梅尔岛海军造船厂 | 1934.10.27 | 1936.4.22 | 1936.10.27 | 1942 年 11 月 14 日被日军击沉 |
| Dunlap | 邓拉普 | DD-384 | 联合造船厂 | 1935.4.10 | 1936.4.18 | 1937.6.12 | 退役拆解 |
| Fanning | 范宁 | DD-385 | 联合造船厂 | 1935.4.10 | 1936.9.18 | 1937.10.8 | 退役拆解 |

| 基本技术性能 | |
|---|---|
| 基本尺寸 | 舰长 104 米，舰宽 10.8 米，吃水 3.2 米 |
| 排水量 | 标准 1500 吨 / 满载 1725 吨 |
| 最大航速 | 37 节 |
| 动力配置 | 4 座燃油锅炉，2 台燃气轮机，46000 马力 |
| 武器配置 | 5 × 125 毫米火炮，4 × 12.7 毫米机枪，12 × 533 鱼雷发射管，2 × 深水炸弹发射架 |
| 人员编制 | 250 名官兵 |

▲ “马汉”号，前1号烟囱明显比2号高。

▲ “康明斯”号，其舰艉上搭起了遮阳凉棚。

▼ “德雷顿”号，照片摄于1942年4月14日。

▲ 航行中的“林森”号，其已经安装雷达设备。

▲ 涂上迷彩的“傅拉瑟”号。

▼ 航行中的“里德”号，其前甲板的1号主炮已经指向右舷方向。

▲ 涂有迷彩的“康宁汉”号，照片摄于1944年5月19日。

▲ 停泊在海面上的“卡辛”号。

▼ 二战前的“塔克”号，照片拍摄于1938年4月28日。

“道恩斯”号，前甲板上的两门主炮套上了黑色的炮衣。

▲ “柏金斯”号，注意其前主炮炮塔奇特的放浪外形，照片摄于1937年11月1日。

▲ “柏金斯”号，可以看到部分船员已经在舰艏和舰艉列队了。

▼ 停泊中的“普雷斯顿”号，其有前后两根主桅。

▲ 高速航行中的“邓拉普”号。

▼ 从后面拍摄的“范宁”号，可以看到舰艉两门无保护的主炮。

## 珍珠港事件中的美国驱逐舰

1941年12月7日，对于夏威夷群岛的人们来说是一个再平常不过的周末，但是这一天将永载史册。正当人们还在睡梦中时，夏威夷以北230海里的海面上，日本机动编队放飞了183架飞机，它们的目标便是美国太平洋舰队的基地——珍珠港！

此时的珍珠港内停泊着美国太平洋舰队的绝大部分舰只，其中包括了30艘驱逐舰，它们分别是："桑普森"级的"阿伦"号（DD-66）；"维克斯"级的"雪利"号（DD-103）、"赵"号（DD-106）和"沃德"号（DD-139）；"法拉格特"级的"法拉格特"号（DD-348）、"杜威"号（DD-349）、"赫尔"号（DD-350）、"麦克多诺"号（DD-351）、"沃登"号（DD-352）、"戴尔"号（DD-353）、"莫纳根"号（DD-354）和"艾尔文"号（DD-355）；"波特"级的"赛弗里奇"号（DD-357）、"菲尔普斯"号（DD-360）；"马汉"级的"甘明斯"号（DD-365）、"里德"号（DD-369）、"格斯"号（DD-370）、"康宁汉"号（DD-371）、"卡辛"号（DD-372）、"肖"号（DD-373）、"塔克"号（DD-374）和"道恩斯"号（DD-375）；"巴格莱"级的"巴格莱"号（DD-386）、"布卢"号（DD-387）、"赫姆"号（DD-388）、"马格福特"号（DD-389）、"拉夫·塔尔博特"号（DD-390）、"亨雷"号（DD-391）、"帕德森"号（DD-392）和"贾维斯"号

▲ *1941年10月30日珍珠港的俯视图，此时距离日军偷袭珍珠港还不到两个月。*

（DD-393）。

清晨3时57分，结束了两天巡逻任务，正准备返回珍珠港的老式四烟囱驱逐舰“沃德”号突然接到扫雷舰“康道尔”号的报告，称其发现了类似潜艇潜望镜的目标。随后“沃德”号使用声呐进行了搜索，但是什么都没有发现。两个小时之后，正当“沃德”号进入珍珠港外的航道时，军舰上的瞭望员突然报告在前方的“大火星”号靶船与其拖拽的靶子之间有一艘小型潜艇。6时40分，在确认目标后，“沃德”号驱逐舰在91米的距离上使用102毫米炮将这艘小型潜艇击沉。就这样，“沃德”号成为二战中第一艘与敌人交战并取得战果的美国军舰。消灭目标后，“沃德”号立即将这一情况报告上级，但是却并没有引起足够重视，就这样，珍珠港失去了一次提前预警的机会。

8时左右，大群的日本飞机飞抵珍珠港上空，鱼雷攻击机和俯冲轰炸机开始对事先选定的目标进行攻击，零式战斗机则负责防空和压制美军的对空火力。毫无防备的美军被打了个措手不及，珍珠港内顿时腾起了阵阵浓烟，爆炸声此起彼伏。日军开始攻击时，珍珠港内停泊着29艘驱逐舰。由于日军将美军战列舰作为首要打击目标，因此大部分驱逐舰逃过一劫，当然也有例外：停在船坞中进行改造的“肖”号驱逐舰遭到攻击，军舰被3枚炸弹击中，舰上的燃油被点燃，大火最终引爆了弹药库，致使其倾覆；“卡辛”号和“道恩斯”号两艘驱逐舰因为与战列舰“宾夕法尼亚”号停泊在干船坞中，结果船坞被日军投掷的一枚燃烧弹击中并引发大火，两艘驱逐舰

▲在滚滚浓烟中燃烧的“肖”号驱逐舰，很快它就将沉没。

▲ 严重烧毁的“唐恩”号。

▼ 严重损毁的“肖”号。

被严重烧毁。

面对日军的狂轰乱炸，并不是所有的驱逐舰都坐以待毙。“贾维斯”号驱逐舰上的船员用防空机枪对低飞的日本飞机进行扫射，取得了一定的战果。“马格福特”号驱逐舰也以机枪对空射击，先后击落了三架日本飞机。正在各舰与日本飞机作战之时，“布卢”号在出港后发现了日军的一艘小型潜艇，于是该舰与“赫姆”号和“莫纳根”号一起对目标进行深水炸弹攻击，终于将其击沉。后来“赫姆”号驱逐舰对另一艘潜入珍珠港的日本小型潜艇发动攻击并将其击沉，一名幸存的日本水兵被俘，他成为二战中美军俘虏的第一个日军士兵。

当日军飞机离开珍珠港后，幸存的美国驱逐舰纷纷前往珍珠港附近海域搜索日本潜艇。整个珍珠港事件中一共有3艘美军驱逐舰损毁沉没，分别是“肖”号、“卡辛”号和“道恩斯”号，其中的“肖”号在1942年被修复，其他两艘驱逐舰在1943年被修复。尽管12月7日这一天美国太平洋舰队遭到了沉重的打击，被美国人当做“国耻日”，但是太平洋舰队的驱逐舰却进行了英勇的抵抗，它们的光荣事迹将永载史册。

## “格里德利”级(Gridley class)

“马汉”级驱逐舰的建造使得美国海军拥有了1500吨级的大型驱逐舰，不过当时开始流行重鱼雷武装的驱逐舰设计潮流，于是美国在“马汉”级的基础上开始增加鱼雷的搭载量。为了安装更多的鱼雷发射管，设计人员将原来的两根烟囱合并成一根，并且去掉了舰体中部的一门主炮，以此来节省空间。经过一系列的修改，“马汉”级的鱼雷加强版“格里德利”级诞生了。

与“马汉”级一样，“格里德利”级也采用了上下两层甲板的设计。“格里德利”级安装了四门127毫米高平两用炮，其舰艏的两门主炮安装在全封闭装甲炮塔内、舰艉二门则是敞开的。除了主炮，“格里德利”级上还安装了四挺12.7毫米水冷机枪用于防空。“格里德利”级的鱼雷搭载量空前提高，其装有四座四联装鱼雷发射管，共搭载16枚鱼雷。“格里德利”级安装了四台重油燃气锅炉，两座气轮机，由于动力系统的改进，其蒸汽压力从400磅提高至565磅，其输出功率达到50000马力。凭借着强劲的动力，“格里德利”级在试航中跑出了42.5节的高速，创造了美国海军当时的速度记录。“格里德利”级的设计航速38.5节，航程达到6500海里。

1935年6月3日，“格里德利”级的首舰“格里德利”号（DD-380）驱逐舰在波士顿海军造船厂开工建造，该级其他三艘在伯利恒造船厂（DD-382、DD-400和DD-401）建造。按照计划，“格里德利”级的建造数量为12艘，但是由于后续舰只在设计上发生了改动，因此成为新的“巴格莱”级驱逐舰。所有的“格里德利”级驱逐舰都在1936至1938年间下水并服役。

“格里德利”级的四艘驱逐舰服役之后主要在太平洋执行任务。1941年12月7日，当日军偷袭珍珠港时，所有的“格里德利”级驱逐舰都不在港内。太平洋战争中，“格里德利”级跟随美国海军四处征战，几乎参加了包括中途岛海战、莱特湾海战及硫磺岛战役在内的全部重大战役。战争结束后，“格里德利”级驱逐舰全部退役并拆解。

“格里德利”级驱逐舰具有强大的鱼雷搭载和齐射能力，是美国海军中第一种能够搭载16枚鱼雷的驱逐舰。“格里德利”级驱逐舰在二战中无数次与日军作战，充分显示了自身的价值。

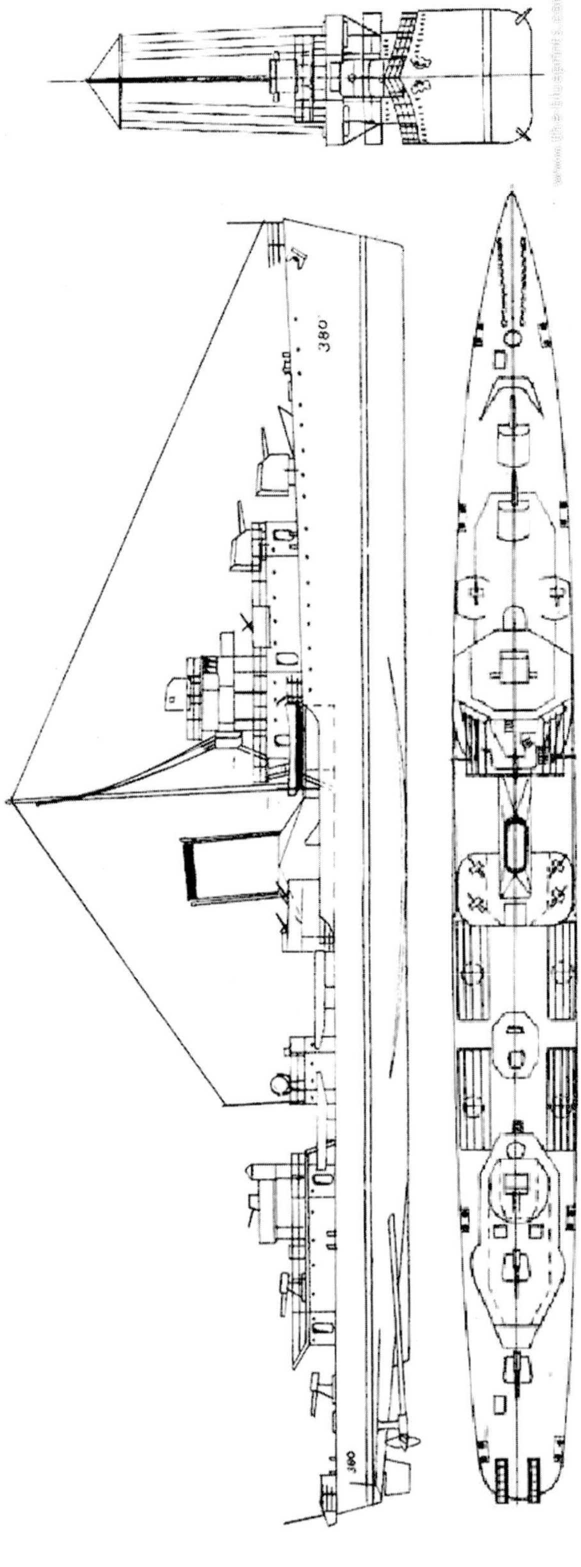


“格里德利”号线图

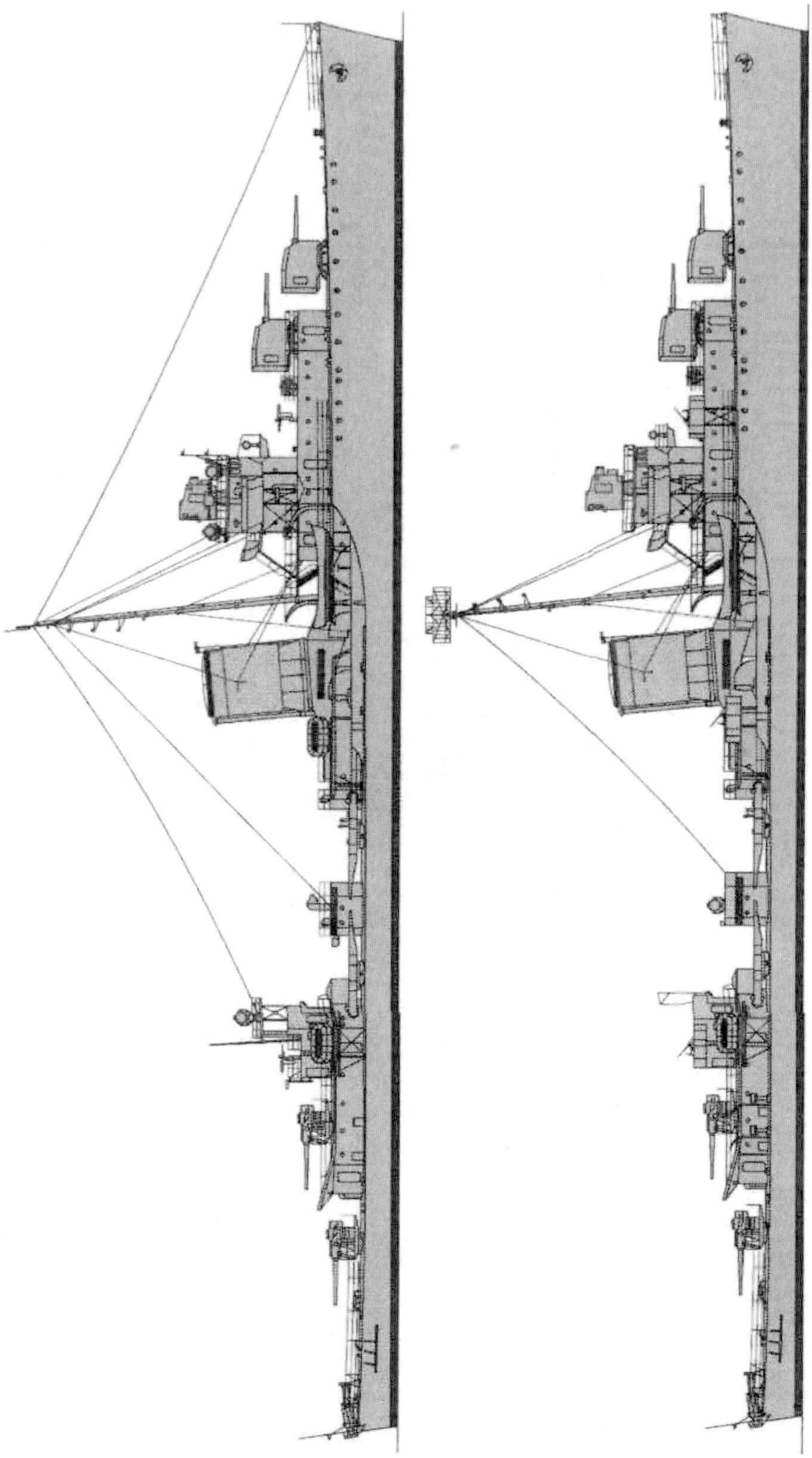

▲1940年“莫里”号和1942年“克雷文”号线图对比。

| 舰名 | 译名 | 建造编号 | 建造船厂 | 开工日期 | 下水日期 | 服役日期 | 命运 |
|---|---|---|---|---|---|---|---|
| Gridley | 格里德利 | DD-380 | 波士顿海军造船厂 | 1935.6.3 | 1936.12.1 | 1937.6.24 | 退役拆解 |
| Craven | 克雷文 | DD-382 | 伯利恒造船厂 | 1935.6.25 | 1937.2.25 | 1937.9.2 | 退役拆解 |
| McCall | 麦考尔 | DD-400 | 伯利恒造船厂 | 1936.3.17 | 1937.11.20 | 1938.6.22 | 退役拆解 |
| Maury | 莫里 | DD-401 | 伯利恒造船厂 | 1936.3.24 | 1938.2.14 | 1938.8.5 | 退役拆解 |
| 基本技术性能 | | | | | | | |
| 基本尺寸 | 舰长 104 米，舰宽 10.92 米，吃水 3.89 米 | | | | | | |
| 排水量 | 标准 1590 吨 / 满载 2219 吨 | | | | | | |
| 最大航速 | 38.5 节 | | | | | | |
| 动力配置 | 4 座燃油锅炉，2 台燃气轮机，50000 马力 | | | | | | |
| 武器配置 | 4 × 127 毫米火炮，4 × 12.7 毫米机枪，16 × 533 鱼雷发射管 | | | | | | |
| 人员编制 | 158 名官兵 | | | | | | |

▲ 航行中的“格里德利”号，可以看到该舰中部粗壮的烟囱。

▼ 正在海面上破浪前行的“克雷文”号。

▲ 正在接受补给的“麦考尔”号。

## “巴格莱”级(Bagley class)

在“格里德利”级驱逐舰的建造过程中，美军方面对其中八艘的设计进行了修改，保留了曾经用于“马汉”级驱逐舰上的电动系统，于是诞生了“巴格莱”级驱逐舰。

“巴格莱”级与“格里德利”级在外形上几乎没有任何的区别，两者都安装了四门127毫米高平两用炮，其舰艏的两门主炮安装在全封闭装甲炮塔内、舰艉二门则是敞开的。除了主炮，“巴格莱”级上还安装了四挺12.7毫米水冷机枪用于防空。与“格里德利”级一样，“巴格莱”级驱逐舰的鱼雷搭载量也达到了16枚之多。“巴格莱”级安装了四台重油燃气锅炉，两座气轮机，其输出功率达到49000马力。尽管动力没有“格里德利”级强劲，但是“巴格莱”级的航速仍然达到了38.5节。

1935年7月31日，“巴格莱”级的首舰“巴格莱”号（DD-386）驱逐舰在诺福克海军造船厂开工建造，该级其他七艘分别在伯利恒造船厂（DD-382、DD-400和DD-401）建造。所有的“巴格莱”级驱逐舰都在1936至1938年间下水并服役。

“巴格莱”级的八艘驱逐舰建成之后主要在太平洋服役。1941年12月7日，当日军偷袭珍珠港时，有四艘该级驱逐舰待在港内，不过它们没成为袭击目标。“赫姆”号驱逐舰对一艘潜入珍珠港的日本微型潜艇发动攻击并将其击沉，一名幸存的日本水兵被俘，他成为二战中美军俘虏的第一个日军士兵；停泊在港内的“贾维斯”号驱逐舰以防空机枪对日本飞机射击，取得了一定的战果；“马格福特”号驱逐舰同样以机枪对空射击，取得了击落三架敌机的战果；袭击结束后，“拉夫·塔尔博特”号在珍珠港附近海域搜索日本潜艇。

太平洋战争中，“巴格莱”级驱逐舰先后参加了多次大规模海战，在创造战绩时也遭受了不小的损失：1942年8月9日，“贾维斯”号驱逐舰被日军飞机击沉；1942年8月22日，“布卢”号驱逐舰被日本海军的“江风”号驱逐舰击沉；1943年8月14日，“亨雷”号驱逐舰在掩护澳大利亚军队登陆芬什港的行动中遭遇日本海军伊-108号潜艇的攻击，其在成功躲过两枚鱼雷后被第三枚鱼雷击中并最终沉没。二战结束后，剩余的五艘“巴格莱”级驱逐舰退役并被拆解。

作为“格里德利”级驱逐舰的后续舰型，“巴格莱”级驱逐舰同样拥有强大的鱼雷搭载和齐射能力，属于重鱼雷驱逐舰。

▼“拉夫·塔尔博特”号线图

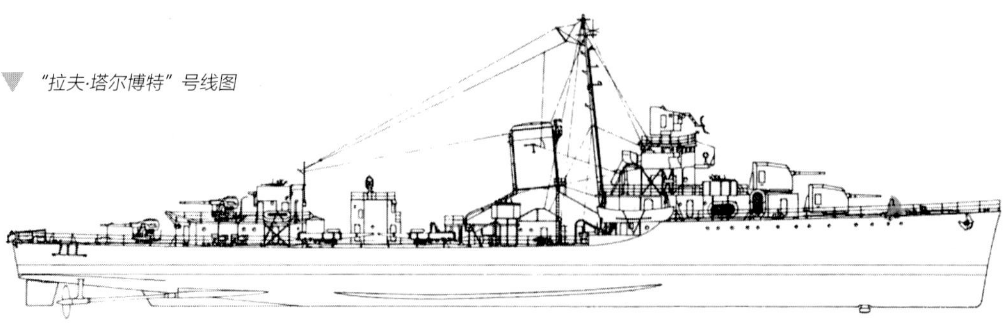

| 舰名 | 译名 | 建造编号 | 建造船厂 | 开工日期 | 下水日期 | 服役日期 | 命运 |
|---|---|---|---|---|---|---|---|
| Bagley | 巴格莱 | DD-386 | 诺福克海军造船厂 | 1935.7.31 | 1936.9.3 | 1937.6.12 | 退役拆解 |
| Blue | 布卢 | DD-387 | 诺福克海军造船厂 | 1935.9.25 | 1937.5.27 | 1937.8.14 | 1942 年 8 月 22 日被日军击沉 |
| Helm | 赫姆 | DD-388 | 诺福克海军造船厂 | 1935.9.25 | 1937.5.27 | 1937.10.22 | 退役拆解 |
| Mugford | 马格福特 | DD-389 | 波士顿海军造船厂 | 1935.10.28 | 1936.10.31 | 1937.8.16 | 退役拆解 |
| Ralph Talbot | 拉夫·塔尔博特 | DD-390 | 波士顿海军造船厂 | 1935.10.28 | 1936.10.31 | 1937.10.14 | 退役拆解 |
| Henley | 亨雷 | DD-391 | 母马岛海军造船厂 | 1935.10.28 | 1937.1.12 | 1937.8.14 | 1943 年 10 月 3 日被日军击沉 |
| Patterson | 帕德森 | DD-392 | 普吉特湾海军造船厂 | 1935.7.23 | 1937.5.6 | 1937.9.22 | 退役拆解 |
| Jarvis | 贾维斯 | DD-393 | 普吉特湾海军造船厂 | 1935.8.21 | 1937.5.6 | 1937.10.27 | 1942 年 8 月 9 日被日军击沉 |
| 基本技术性能 | | | | | | | |
| 基本尺寸 | 舰长 104 米，舰宽 10.82 米，吃水 3.15 米 | | | | | | |
| 排水量 | 标准 1500 吨 / 满载 2325 吨 | | | | | | |
| 最大航速 | 38.5 节 | | | | | | |
| 动力配置 | 4 座燃油锅炉，2 台燃气轮机，49000 马力 | | | | | | |
| 武器配置 | 4×127 毫米火炮，4×12.7 毫米机枪，16×533 鱼雷发射管 ,2× 深水炸弹发射架 | | | | | | |
| 人员编制 | 251 名官兵 | | | | | | |

“拉夫·塔尔博特”号。

“巴格莱”号线图

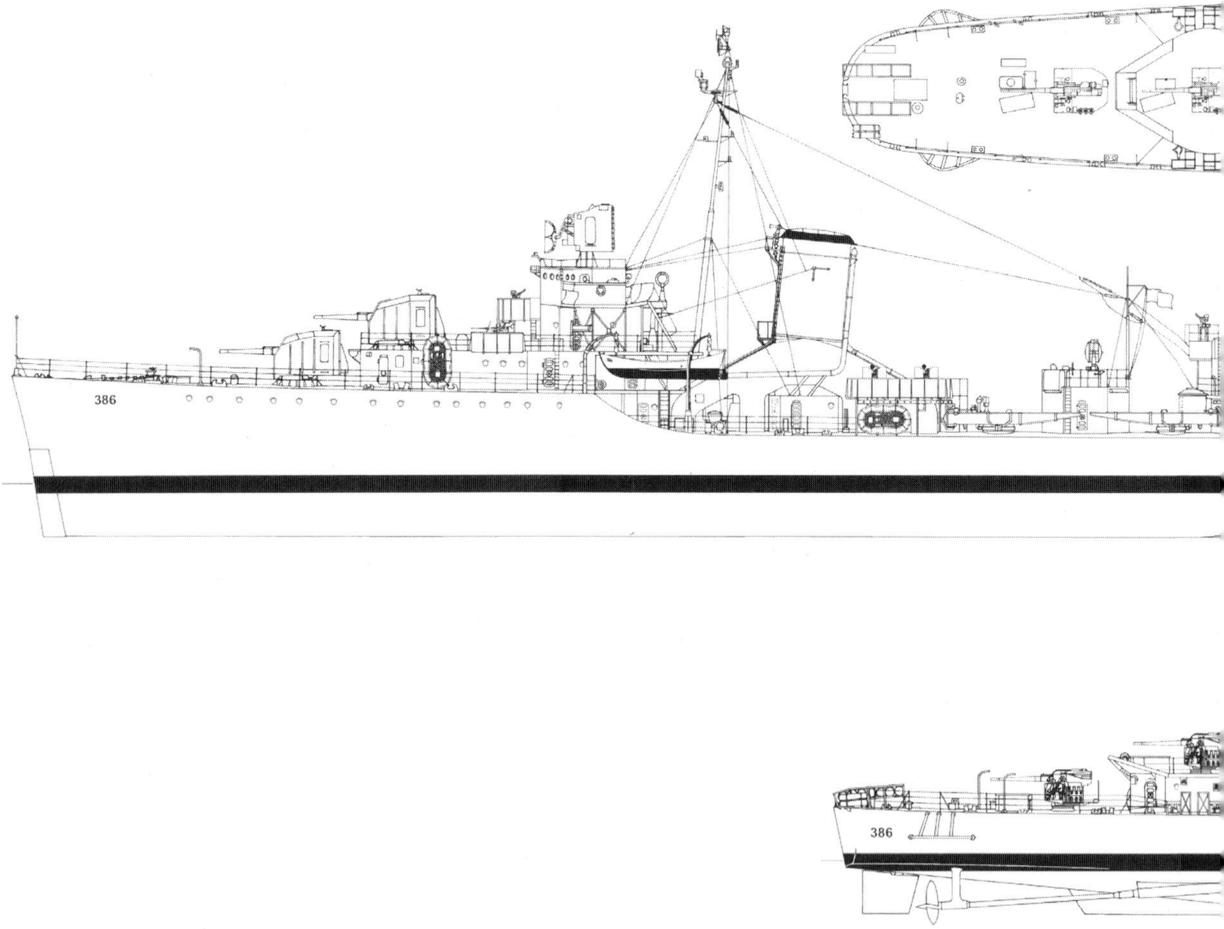

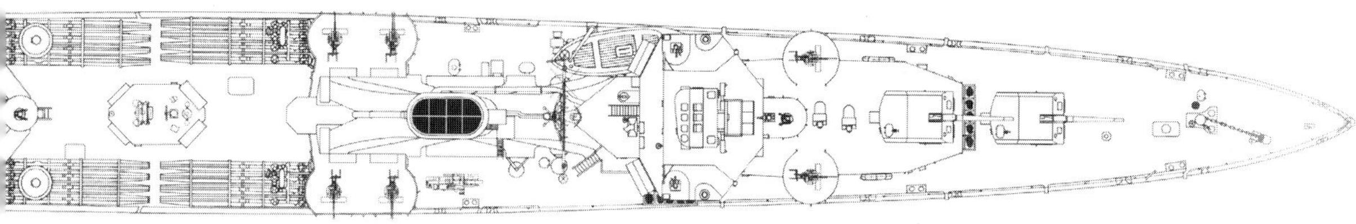

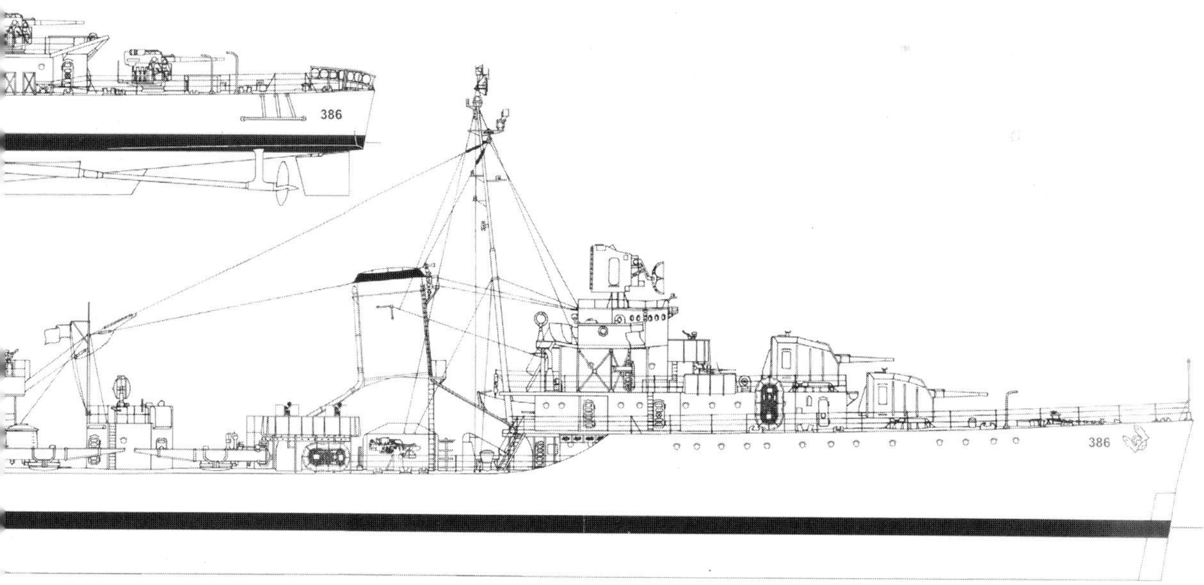
386
386

▲停泊中的“巴格莱”号，其舰体中部巨大的烟囱很显眼。

▲几只海鸥从停泊中的“亨雷”号旁飞过。

▼“贾维斯”号，照片拍摄于1942年5月8日。

## “本汉”级(Benham class)

19世纪30年代末，美国海军展开了意在研制新型驱逐舰的“FY36”计划，新驱逐舰将在“格里德利”级的基础上进行改进。在改进中，设计人员用三座改进型高压锅炉替换了原有的四台锅炉，于是“本汉”级驱逐舰诞生了。

“本汉”级与“格里德利”在外形上几乎没有太大区别，两者都安装了四门127毫米高平两用炮，其舰艏的两门主炮安装在全封闭装甲炮塔内、舰艉二门则是敞开的。除了主炮，“本汉”级上还安装了四挺12.7毫米水冷机枪用于防空。与“格里德利”级一样，“本汉”级驱逐舰的鱼雷搭载量也达到了16枚之多。“本汉”级安装了三台锅炉，两座气轮机，其输出功率达到50000马力，航速达到38.5节。

▲“本汉”号舰艏主炮，其采用了全封闭的装甲炮塔。

▲ 两艘“本汉”级上层建筑布置，可以看到鱼雷发射管和两座烟囱之间两座四联装博福斯40毫米高射炮。

▼ 防空武备改装后的“朗”号，舰艉安装了多门高射炮。

“斯特雷特”号舯部上层建筑和设备配置，可以看到探照灯和厄利孔20毫米防空炮支架。

1936年9月1日，“本汉”级的首舰“本汉”号（DD-397）驱逐舰在联邦造船厂开工建造，该级其他九艘分别在联邦造船厂（DD-398至111DD-399）、波士顿海军造船厂（DD-402至DD-403）、费城海军造船厂（DD-404）、诺福克海军造船厂（DD-405至DD-406）、查尔斯顿海军造船厂（DD-407至DD-408）建造。所有的“本汉”级驱逐舰都在1937至1939年间下水并服役，其中很多舰只服役时，二战已经爆发了。

“本汉”级驱逐舰主要在大西洋服役，并且参与了中立护航行动。1941年8月，“兰德”号驱逐舰护送搭乘“奥古斯塔”号的美国总统富兰克林·罗斯福，前往大西洋北部纽芬兰的阿金夏湾与英国首相温斯顿·丘吉尔会晤。1941年8月14日，双方发表了著名的《大西洋宪章》。日本偷袭珍珠港后，由“本汉”号、“艾莉特”号、“邓拉普”号和“范宁”号组成的第12驱逐舰分队护送“企业”号航空母舰于1941年12月7日参加了杜立特上校对日本发起的空中突袭。

除了“本汉”号和“艾利特”号，其他的“本汉”级驱逐舰都在大西洋作战，后来“斯特雷特”号于1942年末调入太平洋舰队，“斯塔克”号于1943年调入太平洋舰队。太平洋上的“本汉”级驱逐舰都参加了著名的瓜达卡纳尔岛战役，其中“本汉”号在1942年11月15日被日军击沉；在大西洋作战的“本汉”级驱逐舰除了执行反潜护航任务外，还参加了登陆北非的“火炬行动”和西西里岛战役。1943年9月10日夜间，“罗温”号驱逐舰在意大利萨莱诺湾进行反潜巡逻时遭到德军鱼雷艇的偷袭并于第二天沉没。

1944年，为了增强“本汉”级的防空能力，舰上的12.7毫米机枪被拆除，取而代之的是两座双联装的40毫米博福斯高炮和六门20毫米厄利孔高炮。到了1945年，博福斯高炮和厄利孔高炮的数量都达到了八门之多。1945年，德国投降后，所有在大西洋作战的“本汉”级驱逐舰全部前往太平洋，它们在那里迎来了二战的结束。

二战结束后，“艾利特”号、“朗”号、“斯特雷特”号三艘驱逐舰于1947年退役拆解，而“梅兰”号、“特里普”号、“兰德”号、“斯塔克”号和“威尔逊”号五艘驱逐舰参加了1948年在比基尼环礁的核试验，最终全部沉没。

“本汉”级驱逐舰作为“格里德里”级的升级版，是20世纪30年代美国标准驱逐舰的最终版本，该级驱逐舰与姐妹级驱逐舰一同在大西洋和太平洋上并肩战斗，为战争的胜利贡献出了自己的一份力量。

| 舰名 | 译名 | 建造编号 | 建造船厂 | 开工日期 | 下水日期 | 服役日期 | 命运 |
|---|---|---|---|---|---|---|---|
| Benham | 本汉 | DD-397 | 联邦造船厂 | 1936.9.1 | 1938.4.16 | 1939.2.2 | 1942年11月15日被日军击沉 |
| Ellet | 艾利特 | DD-398 | 联邦造船厂 | 1936.12.3 | 1938.6.11 | 1939.2.17 | 退役拆解 |
| Lang | 朗 | DD-399 | 联邦造船厂 | 1937.4.5 | 1938.8.27 | 1939.3.30 | 退役拆解 |

| Mayrant | 梅兰 | DD-402 | 波士顿海军造船厂 | 1937.4.15 | 1938.5.14 | 1939.9.13 | 1948 年在比基尼环礁核试验中沉没 |
|---|---|---|---|---|---|---|---|
| Trippe | 特里普 | DD-403 | 波士顿海军造船厂 | 1937.4.15 | 1938.5.14 | 1939.11.1 | 1948 年在比基尼环礁核试验中沉没 |
| Rhind | 兰德 | DD-404 | 费城海军造船厂 | 1937.9.22 | 1938.7.28 | 1939.11.10 | 1948 年在比基尼环礁核试验中沉没 |
| Rowan | 罗温 | DD-405 | 诺福克海军造船厂 | 1937.6.25 | 1938.5.5 | 1939.9.23 | 1943 年 9 月 11 日被德军击沉 |
| Stack | 斯塔克 | DD-406 | 诺福克海军造船厂 | 1937.6.25 | 1938.5.5 | 1939.11.20 | 1948 年在比基尼环礁核试验中沉没 |
| Sterett | 斯特雷特 | DD-407 | 查尔斯顿海军造船厂 | 1936.12.2 | 1938.10.27 | 1939.8.15 | 退役拆解 |
| Wilson | 威尔逊 | DD-408 | 查尔斯顿海军造船厂 | 1937.3.22 | 1939.4.12 | 1939.7.5 | 1948 年在比基尼环礁核试验中沉没 |

| 基本技术性能 | |
|---|---|
| **基本尺寸** | 舰长 103.9 米，舰宽 10.8 米，吃水 3.9 米 |
| **排水量** | 标准 1500 吨 / 满载 2250 吨 |
| **最大航速** | 38.5 节 |
| **动力配置** | 3 座燃油锅炉，2 台燃气轮机，50000 马力 |
| **武器配置** | 4 × 127 毫米火炮，4 × 12.7 毫米机枪，16 × 533 鱼雷发射管 ,2 × 深水炸弹发射架 |
| **人员编制** | 235 名舰员 +16 名军官 |

▲停泊中的“本汉”号。

海面上的“梅兰”号，可以看到中部单独一根烟囱。

▲ 破浪前行的“特里普”号，其舰桥高大、视野开阔。

▼ 俯拍海面上的“兰德”号，其主炮采用了两种颜色的涂装。

▲ 与友舰编队航行中的“斯塔克”号，舰上的水兵们来到了甲板上。

▼ 停泊在查尔斯顿海军码头的“斯特雷特”号，照片摄于1939年4月3日。

停泊在海面上的“威尔逊”号驱逐舰，从照片上看拍摄当天真是风和日丽的好天气。

## “西姆斯”级（Sims class）

1937年，美国海军针对于之前已经设计建造的多个级别的1500吨级驱逐暴露出来的缺点，认为应该进行改进和提升，于是开始设计新型的“西姆斯”级驱逐舰。尽管采用了类似于“本汉”级的设计，但是“西姆斯”级的舰体被加大，舰体和舰桥的结构更加流线而合理。在武器配置方面，“西姆斯”级也摒弃了之前强调鱼雷的观点，以减少鱼雷搭载腾出空间安装其他的设备。

“西姆斯”级驱逐舰采用上下两层甲板设计，舰体外形流线。相比较美国海军之前的几级驱逐舰，“西姆斯”级安装了五门127毫米高平两用炮，其舰艏的两门主炮和舰艉最后一门主炮都安装在全封闭装甲炮塔内。舰体中部的二门主炮则是敞开的。除了主炮，“西姆斯”级上还安装了四挺12.7毫米水冷机枪用于防空。“西姆斯”级驱逐舰的鱼雷搭载量减少到12枚，分别安装在三座四联装鱼雷发射管中。“西姆斯”级安装了三台锅炉，两座汽轮机，其输出功率达到50000马力，航速达到37.7节。

“西姆斯”级驱逐舰的一个优势在于其安装了Mark 37火控系统，该系统的核心是安装在船体内的福特Mark 1火控计算机。Mark 37火控系统可以引导驱逐舰上的火炮在有效距离内自动瞄准海面和天空中的目标，然后进行精确射击。Mark 37火控系统几乎安装在二战时期美国所有具有127毫米火炮的驱逐舰和其他更大型的舰船上，该系统在美国海军中一直使用到20世纪70年代。

▲ “安德森”号上的救生艇。

"休斯"号上层建筑特写，可以清楚地看到舰桥上大量的武器装备和火控系统。

▲ “安德森”号上层建筑特写，可以清楚地看到救生艇支架。

▲ *“马斯廷”号上的两座四联装鱼雷发射管，船厂的工人们正在维修。*

1937年7月15日，“西姆斯”级的首舰“西姆斯”号（DD-409）驱逐舰在巴斯钢铁厂开工建造，该级其他11艘分别在巴斯钢铁厂（DD-410）、联邦造船厂（DD-411、DD-412）、纽波特纽斯造船厂（DD-413、DD-414）、波士顿海军造船厂（DD-415、DD-416）、诺福克海军造船厂（DD-417、DD-419）、查尔斯顿海军造船厂（DD-418）、费城海军造船厂（DD-420）建造。所有的“西姆斯”级驱逐舰都在1938至1940年间下水并服役，当时美国马上就要卷入战争了。

“西姆斯”级驱逐舰分别在大西洋和太平洋上服役，其中在大西洋服役的“西姆斯”级驱逐舰在美国参战前就已经参与了中立护航行动。日本偷袭珍珠港时，所有在太平洋服役的“西姆斯”级驱逐舰都不在港内。美国参战后，在大西洋的“西姆斯”级驱逐舰主要为商船队提供反潜防空护航，后来各舰又先后参加了登陆北非的“火炬行动”、西西里岛战役及登陆意大利的作战。1943年10月8日，“巴克”号驱逐舰在意大利萨勒诺附近支援陆军作战时被德国海军U-616号潜艇击沉。随着欧洲战场的顺利进行，从1943年开始，大西洋上的“西姆斯”级驱逐舰开始被调往太平洋。

太平洋上的作战比大西洋更残酷，“西姆斯”级也遭受了更大的损失。在1942年5月7日的珊瑚海海战中，“西姆斯”级的首舰“西姆斯”号被日军飞机投下的三枚炸弹命中，最终沉没；1942年6月6日，在中途岛海战中，“哈曼”号驱逐舰在帮助转运“约克城”号航空母舰上的船员时被日本海军伊-168号潜艇发射的鱼雷击中，仅仅过了四分钟就沉入了大海；1942年10月19日，“奥布莱恩”号驱逐舰在萨摩亚群岛的锚地遭到日本潜艇的鱼雷攻击，最终沉没；1942年11月14日夜，“沃尔克”号驱逐舰在瓜达尔卡纳尔岛附近海域被日本海军击沉。

尽管在战争中遭受了不小的损失，但是“西姆斯”级驱逐舰展现了自身的价值。装备了远程预警雷达和火控计算机的“西姆斯”级驱逐舰常被作为大型战舰和商船队的护航舰只使用。战争中，“西姆斯”级驱逐舰上又安装了多门40毫米博福斯高炮和20毫米厄利孔高炮，其在高强度的防空作战中表现出色，很好地完成了护航任务。

二战结束后，幸存的“拉塞尔”号、“莫里斯”号和“罗”号驱逐舰于1947年退役拆解，而“休斯”号、“安德森”号、“马斯廷”号和“温莱特”号四艘驱逐舰在1946年比基尼环礁核试验中沉没。

虽然基于20世纪30年代的1500吨级驱逐舰建造，但是“西姆斯”级驱逐舰可以算得上是全新的，其被许多美国海军研究专家称为“第三代”驱逐舰。从设计上看，“西姆斯”级驱逐舰的舰体结构、动力系统及武器配置更加合理高效，舰体内安装的火控计算机和火控系统使“西姆斯”级驱逐舰有了质的飞跃。尽管是美国参战前建造的最后一级驱逐舰，但是经济、高效的“西姆斯”级驱逐舰深深影响了之后美国驱逐舰的设计，其开启了美国的“第三代”驱逐舰的时代！

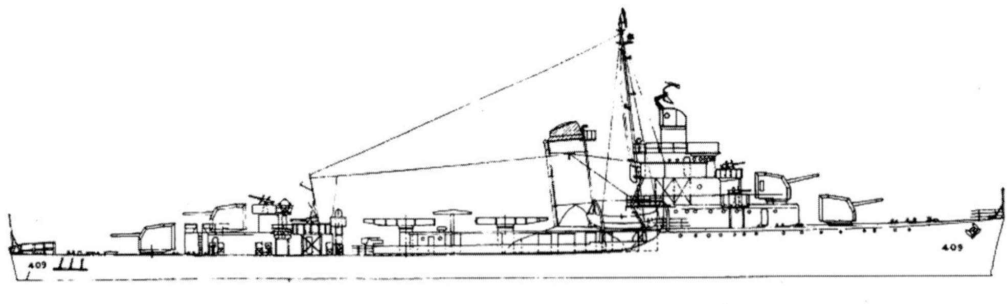

▲ “西姆斯”号线图

▼ “休斯”号线图

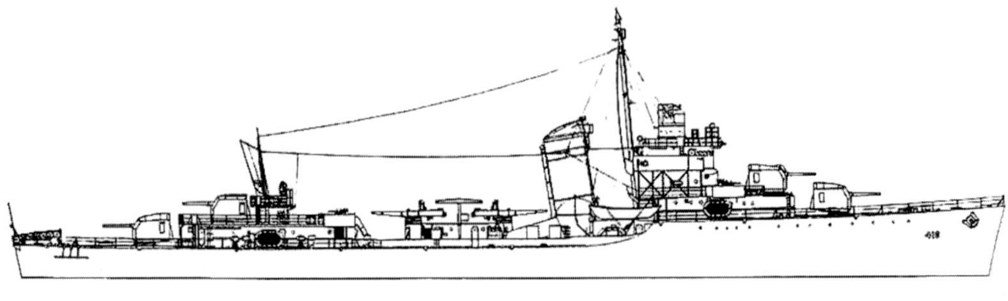

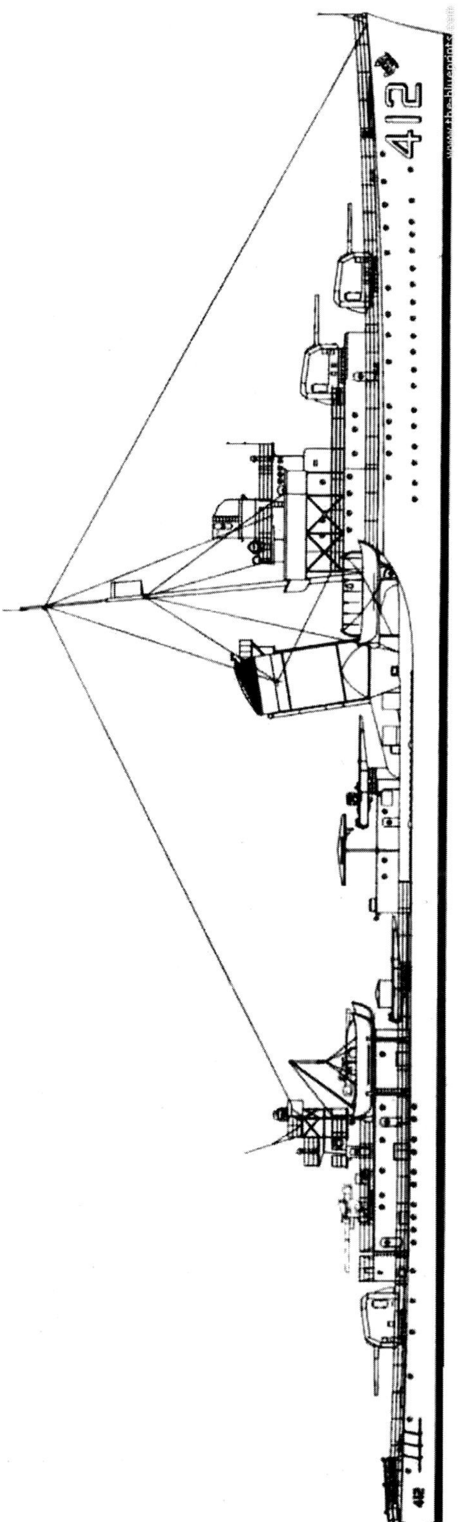

"哈曼"号线图

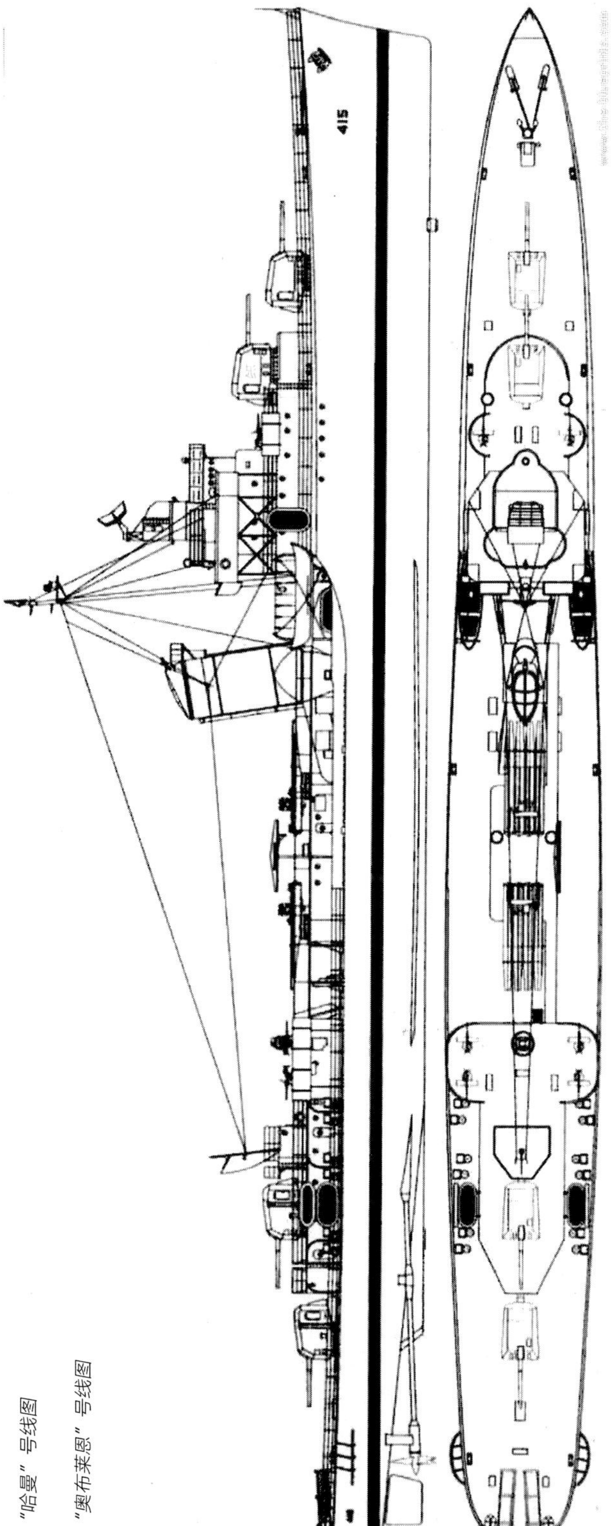

"奥布莱恩"号线图

| 舰名 | 译名 | 建造编号 | 建造船厂 | 开工日期 | 下水日期 | 服役日期 | 命运 |
|---|---|---|---|---|---|---|---|
| Sims | 西姆斯 | DD-409 | 巴斯钢铁厂 | 1937.7.15 | 1939.4.8 | 1939.8.1 | 1942 年 5 月 7 日被日军击沉 |
| Hughes | 休斯 | DD-410 | 巴斯钢铁厂 | 1937.9.15 | 1939.6.17 | 1939.9.21 | 1946 年在比基尼环礁核试验中沉没 |
| Anderson | 安德森 | DD-411 | 联邦造船厂 | 1937.11.15 | 1939.2.4 | 1939.5.19 | 1946 年在比基尼环礁核试验中沉没 |
| Hammann | 哈曼 | DD-412 | 联邦造船厂 | 1938.1.17 | 1939.2.4 | 1939.8.11 | 1942 年 6 月 6 日被日本潜艇击沉 |
| Mustin | 马斯廷 | DD-413 | 纽波特纽斯造船厂 | 1937.12.20 | 1938.12.8 | 1939.9.15 | 1948 年在比基尼环礁核试验中沉没 |
| Russell | 拉塞尔 | DD-414 | 纽波特纽斯造船厂 | 1937.12.20 | 1938.12.8 | 1939.11.3 | 退役拆解 |
| O'Brien | 奥布莱恩 | DD-415 | 波士顿海军造船厂 | 1937.6.25 | 1938.5.5 | 1939.9.23 | 1942 年 10 月 19 日被日本潜艇击沉 |
| Walke | 沃尔克 | DD-416 | 波士顿海军造船厂 | 1938.5.31 | 1939.10.20 | 1940.4.27 | 1942 年 11 月 14 日被日军击沉 |
| Morris | 莫里斯 | DD-417 | 诺福克海军造船厂 | 1938.6.7 | 1939.6.1 | 1940.3.5 | 退役拆解 |
| Roe | 罗 | DD-418 | 查尔斯顿海军造船厂 | 1938.4.23 | 1939.6.21 | 1940.1.5 | 退役拆解 |
| Wainwright | 温莱特 | DD-419 | 诺福克海军造船厂 | 1938.6.7 | 1939.6.21 | 1940.8.15 | 1946 年在比基尼环礁核试验中沉没 |
| Buck | 巴克 | DD-420 | 费城海军造船厂 | 1938.6.8 | 1939.5.22 | 1940.5.15 | 1943 年 10 月 8 日被德国潜艇击沉 |

| 基本技术性能 | |
|---|---|
| 基本尺寸 | 舰长 105.77 米，舰宽 10.67 米，吃水 3.05 米 |
| 排水量 | 标准 1570 吨 / 满载 2465 吨 |
| 最大航速 | 37.7 节 |
| 动力配置 | 3 座燃油锅炉，2 台燃气轮机，50000 马力 |
| 武器配置 | 4 × 127 毫米火炮，4 × 12.7 毫米机枪，12 × 533 鱼雷发射管 ,2 × 深水炸弹发射架 |
| 人员编制 | 235 名舰员 +16 名军官 |

▲ *海面上的“西姆斯”号，照片摄于1939年7月。*

“安德森”号。

▲ 低速航行中的“马斯廷”号，其全部主炮的炮管都指向空中。

▼ 海面上的“拉塞尔”号，可以看到主桅上的雷达天线。

▲停泊在码头旁的“沃尔克”号，其舰型简单漂亮。

▲“罗”号，照片拍摄于1943年4月16日。

▼舰体上涂有条带迷彩的“温莱特”号。

▲ 停泊中的“巴克”号。

## 驱逐舰换基地

1940年6月，当敦刻尔克的33万英军成功撤回英国本土时，战争对于盟国来说已经陷入了最低谷，纳粹德国已经占领了整个西欧。法国的沦陷使得英国失去了法国海军的

"All the News That's Fit to Print."

# The New York Times.

LATE CITY EDITION

VOL. LXXXIX...No. 30,144. NEW YORK, MONDAY, AUGUST 5, 1940. THREE CENTS

**BRITISH FLIERS BOMB TROOPS AND BARGES ALONG CHANNEL; BLAST OIL PLANTS IN REICH**

RAIDS WIDESPREAD

Nine Strategic German Points Are Attacked—Fires Started at Kiel

AIR BASES ARE DAMAGED

Nazi Fliers Fail to Inflict Any Destruction in Britain, It Is Said—Leaflets Dropped

The International Situation

**INDO-CHINA FALLING UNDER TOKYO RULE; INDIES PLANS NEAR**

Japan Demands Many Rights in French Area—Kwangchowan Already Under Control

BRITAIN FIRM ON ARRESTS

Two Seized in London Will Be Deported—More Held in Rangoon and Singapore

**WILLKIE ARRIVES IN IOWA CAPITAL FOR FARM PARLEY**

Des Moines Crowd Welcomes Him After a 600-Mile Air Trip From Colorado

CARR, STASSEN WITH HIM

Candidate Will Confer With Leaders in Agriculture From Ten States

**PERSHING WOULD LET BRITAIN HAVE 50 OLD U. S. DESTROYERS TO GUARD OUR OWN LIBERTY**

Lindbergh Urges We 'Cooperate' With Germany if Reich Wins War

Colonel Tells 'Keep Out' Group in Chicago 'Agreement Could Maintain Civilization in World'—Asks We Move for Peace

'OUR DUTY' TO HELP

We Shall Fail America if We Do Not Aid British Fleet, General Warns

'APPEASERS DISCREDITED'

He Implores Nation by Radio to 'Face the Truth,' Declaring Grave Peril Faces Us

**ROOSEVELT TO LEAD FIGHT ON ESPIONAGE**

He Will Send Message Today to Conference of Federal and State Officials

**POSTPONING DRAFT HELD FATAL ERROR**

Knox, Patterson and Adler, in Radio Symposium, Warn of Delay in Our Defenses

▲《纽约时报》上对驱逐舰换基地的报道。

支援，大西洋的大门已经向德国潜艇部队打开，这些“海狼”张开血盆大口，大量吞噬英国商船。

面对德国的强大攻势，曾经强大的皇家海军也已经招架不住。经历挪威战役和敦刻尔克大撤退后，皇家海军还有112艘驱逐舰，

▲英美两国水兵正在检查深水炸弹，背后是即将移交的几艘维克斯级驱逐舰。

其中能够执行任务的只剩下74艘，而且还要分布在全世界大洋之上。在这种情况下，英国不得不向大洋彼岸的美国求援。美国总统罗斯福不想看到英国被德国占领，但是迫于当时国内的压力又不能直接为英国建造军舰，于是他决定向英国提供50艘处于封存状态的老式驱逐舰。

经过几个月的谈判，1941年9月2日，英美两国签署了《驱逐舰换基地协议》(The Destroyers for Bases Agreement)，英国将其在西印度群岛上的六个基地租借给美国使用99年，作为交换，美国则向英国提供50艘驱逐舰。协议生效后，50艘驱逐舰分四批前往加拿大海军基地哈利法克斯、新斯克舍，然后由英国海军人员接收，整个移交过程从9月4日开始，至12月5日结束。

50艘移交给英国海军的驱逐舰中有3艘属于“考德威尔”级、27艘属于“维克斯”级、20艘属于“克莱蒙森”级。英国在接收驱逐舰后，用英联邦和美国常见城镇名给这些军舰重新命名，于是这些驱逐舰又被称作“城”级（Town-Class），而皇家海军中称这些军舰为“四烟囱”。在所有这50艘驱逐舰中有6艘被加拿大海军接收，它们分别是“戴卓尔”号（DD-162）、“科克”号（DD-170）、“马肯齐”号（DD-175）、“哈拉登”号（DD-183）、“麦考克”号（DD-252）和“班克洛夫”号（DD-256）。尽管在加拿大海军中服役，但是这6艘驱逐舰仍然属于英国海军财产，因此仍然使用代表英国皇家海军的H.M.S前缀。

尽管接收了军舰，但是英国人对这些舰

▲ 炸毁圣纳泽尔船坞后的“坎贝尔镇”号。

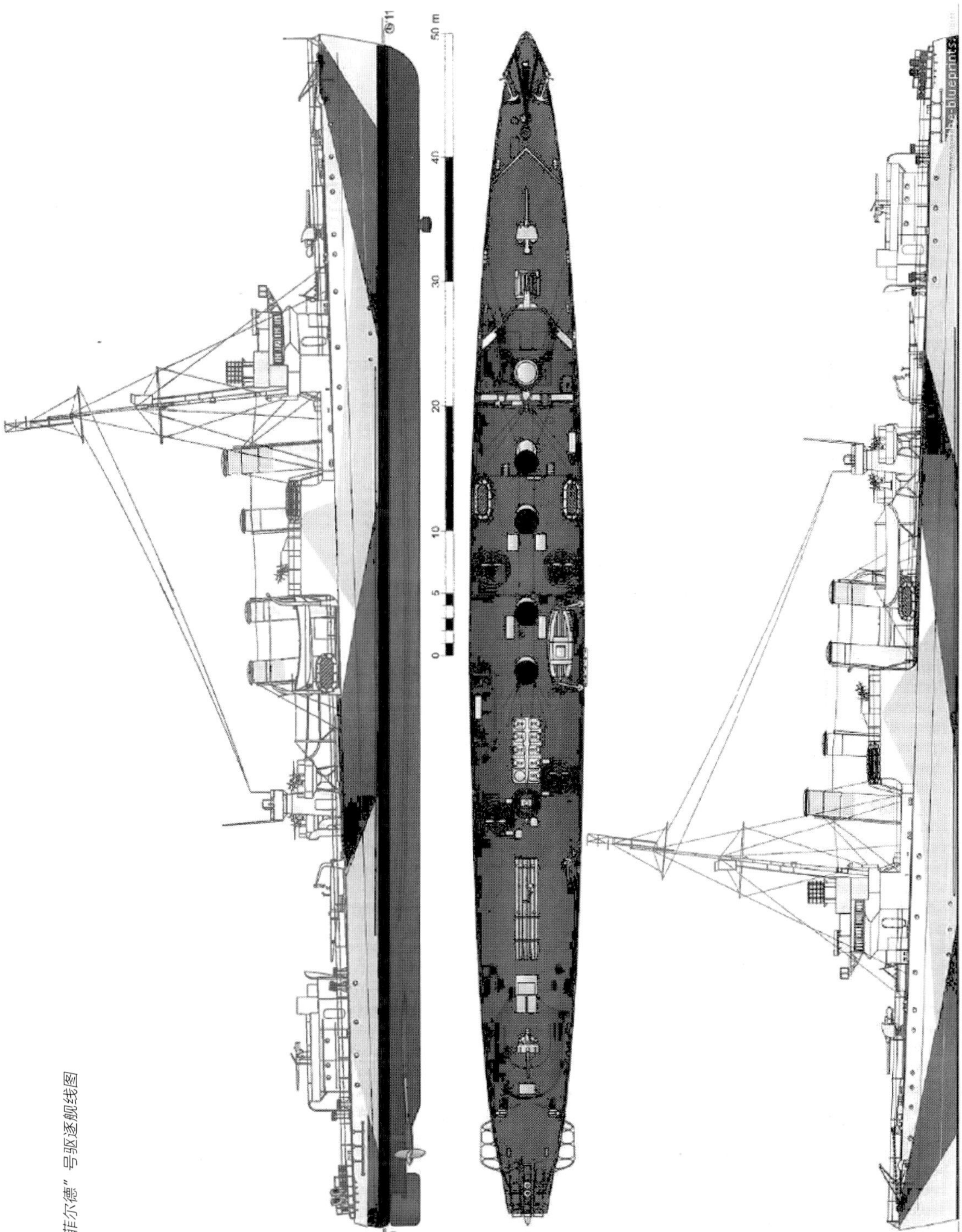


“曼斯菲尔德”号驱逐舰线图

体老化、设备陈旧的平甲板驱逐舰并不满意。为了护航的需要，英国人对这些军舰进行了大规模改造，最主要的便是拆除一半的鱼雷发射管和舰艉的102毫米火炮，留出的空间可以安装和储存深水炸弹。“城”级驱逐舰在大西洋的护航行动中发挥了重要的作用，它们在激烈的海空战斗中击沉了多艘德国潜艇。到了1944年，随着大批新型驱逐舰的服役，早已过时的“城”级驱逐舰开始担任训练任务。也就是在同一年，英国将7艘“城”级驱逐舰转让给前苏联（相关内容参见本系列《苏俄驱逐舰全史》一书），以弥补其海军力量的不足。整个二战中，一共有8艘“城”级驱逐舰沉没（包括一艘转让给前苏联的），其中一半是被德国潜艇击沉的。所有的这些“城”级驱逐舰中最具传奇色彩的还要数“坎贝尔镇”号（原美国海军“布坎南”号），该军舰经过改装后参加了英国特种部队于1942年3月对法国圣纳泽尔大型船坞的突袭行动，满载炸药的“坎贝尔镇”号撞击船坞水闸后成功将船坞炸毁。

二战结束后，所有幸存的“城”级驱逐舰都在1945至1952年间拆毁，这些“四烟囱”在皇家海军中的服役生涯也正式结束了。

| 舰名 | 译名 | 建造编号 | 移交后舰名 | 译名 | 命运 |
|---|---|---|---|---|---|
| Craven | 克雷文 | DD-70 | HMS Lewes | 刘易斯 | 1945 年拆解 |
| Conner | 康纳 | DD-72 | HMS Leeds | 利兹 | 1947 年拆解 |
| Stockton | 斯托克顿 | DD-73 | HMS Ludlow | 勒德洛 | 1945 年拆解 |
| Wickes | 维克斯 | DD-75 | HMS Montgomery | 蒙哥马利 | 1945 年拆解 |
| Philip | 菲利普 | DD-76 | HMS Lancaster | 兰开斯特 | 1947 年拆解 |
| Evans | 伊文思 | DD-78 | HMS Mansfield | 曼斯菲尔德 | 1945 年拆解 |
| Sigourney | 锡格尼 | DD-81 | HMS Newport | 新港 | 1947 年拆解 |
| Robinson | 罗宾逊 | DD-88 | HMS Newmarket | 新市场 | 1945 年拆解 |
| Ringgold | 灵高尔德 | DD-89 | HMS Newark | 纽瓦克 | 1947 年拆解 |
| Fairfax | 费尔法克斯 | DD-93 | HMS Richmond | 里士满 | 1944 年移交苏联，1949 年拆解 |
| Williams | 威廉斯 | DD-108 | HMCS St. Clair | 圣克莱尔 | 1946 年拆解 |
| Twiggs | 特维格 | DD-127 | HMS Lamington | 拉明顿 | 1944 年移交苏联，1951 年拆解 |
| Buchanan | 布坎南 | DD-131 | HMS Campbeltown | 坎贝尔镇 | 1942 年在突袭行动中被炸毁 |
| Aaron Ward | 阿伦·华特 | DD-132 | HMS Castleton | 卡斯尔顿 | 1947 年拆解 |
| Hale | 海尔 | DD-133 | HMS Caldwell | 考德维尔 | 1944 年拆解 |
| Crowninshield | 克伦西 | DD-134 | HMS Chelsea | 切尔西 | 1944 年移交苏联，1949 年拆解 |
| Tillman | 提尔曼 | DD-135 | HMS Wells | 威尔斯 | 1945 年拆解 |
| Claxton | 克雷克斯顿 | DD-140 | HMS Salisbury | 索尔兹伯里 | 1944 年拆解 |

| Yarnall | 雅诺 | DD-143 | HMS Lincoln | 林肯 | 1944 年移交苏联，1952 年拆解 |
|---|---|---|---|---|---|
| Thatcher | 戴卓尔 | DD-162 | HMCS Niagara | 尼亚加拉 | 1946 年拆解 |
| Cowell | 高维尔 | DD-167 | HMS Brighton | 布莱顿 | 1944 年移交苏联，1949 年拆解 |
| Maddox | 马多克斯 | DD-168 | HMS Georgetown | 乔治城 | 1944 年移交苏联，1949 年拆解 |
| Foote | 富特 | DD-169 | HMS Roxborough | 洛克斯伯勒 | 1944 年移交苏联，1952 年拆解 |
| Kalk | 科克 | DD-170 | HMCS Hamilton | 汉密尔顿 | 1945 年拆解 |
| Mackenzie | 马肯齐 | DD-175 | HMCS Annapolis | 安纳波利斯 | 1945 年拆解 |
| Hopewell | 霍普维尔 | DD-181 | HMS Bath | 巴斯 | 1941 年 8 月 19 日被德国 U-204 号潜艇击沉 |
| Thomas | 托马斯 | DD-182 | HMS St. Albans | 圣奥尔本茨 | 1944 年移交苏联，1949 年拆解 |
| Haraden | 哈拉登 | DD-183 | HMS Columbia | 哥伦比亚 | 转交加拿大，1945 年拆解 |
| Abbot | 阿博特 | DD-184 | HMS Charlestown | 查尔斯城 | 1947 年拆解 |
| Doran | 杜兰 | DD-185 | HMS St. Marys | 圣玛丽 | 1945 年拆解 |
| Satterlee | 沙特利 | DD-190 | HMS Belmont | 贝尔蒙 | 1941 年 1 月 31 日被德国 U-82 号潜艇击沉 |
| Mason | 梅森 | DD-191 | HMS Broadwater | 布罗德沃德 | 1941 年 10 月 18 日被德国 U-101 号潜艇击沉 |
| Abel P Upshur | 阿贝 · P · 厄普舍 | DD-193 | HMS Clare | 克莱尔 | 1945 年拆解 |
| Hunt | 亨特 | DD-194 | HMS Broadway | 百老汇 | 1947 年拆解 |
| Welborn C Wood | 韦邦 · P · 伍德 | DD-195 | HMS Chesterfield | 切斯特菲尔德 | 1947 年拆解 |
| Branch | 布兰奇 | DD-197 | HMS Beverley | 贝弗利 | 1943 年 4 月 11 日被德国 U-188 号潜艇击沉 |
| Herndon | 亨顿 | DD-198 | HMS Churchill | 丘吉尔 | 1944 年移交苏联，1945 年初沉没 |
| McCook | 麦考克 | DD-252 | HMCS St. Croix | 圣克鲁瓦 | 1943 年 9 月 20 日被德国 U-952 号潜艇击沉 |
| McCalla | 麦卡拉 | DD-253 | HMS Stanley | 斯坦利 | 1941 年 12 月 18 日被德国 U-574 号潜艇击沉 |
| Rodgers | 罗杰斯 | DD-254 | HMS Sherwood | 舍伍德 | 1945 年作为靶舰被击沉 |
| Bancroft | 班克洛夫 | DD-256 | HMCS St. Francis | 圣弗朗西斯 | 1945 年拆解 |
| Welles | 威尔士 | DD-257 | HMS Cameron | 卡梅伦 | 1940 年 5 月在空袭中被炸毁 |
| Aulick | 欧力 | DD-258 | HMS Burnham | 伯罕姆 | 1947 年拆解 |
| Laub | 劳勃 | DD-263 | HMS Burwell | 伯维尔 | 1947 年拆解 |
| McLanahan | 麦蓝纳翰 | DD-264 | HMS Bradford | 布拉德福德 | 1946 年拆解 |
| Edwards | 爱德华 | DD-265 | HMS Buxton | 巴克斯顿 | 移交加拿大，1946 年拆解 |
| Shubrick | 舒伯里克 | DD-268 | HMS Ripley | 雷普利 | 1945 年拆解 |
| Bailey | 贝利 | DD-269 | HMS Reading | 雷丁 | 1945 年拆解 |
| Swasey | 史旺斯 | DD-273 | HMS Rockingham | 洛金汉 | 1944 年 9 月 27 日触雷沉没 |
| Meade | 米德 | DD-274 | HMS Ramsey | 拉姆西 | 1947 年拆解 |

▲ “蒙哥马利”号驱逐舰，原“维克斯”号。

▲ 全速航行的“曼斯菲尔德”号驱逐舰，原为“伊文思”号。

▼ “查尔斯城”号驱逐舰，原为“阿博特”号。

“林肯”号驱逐舰，原为“克雷克斯顿”号。

▲ “查尔斯城”号驱逐舰，原为“阿博特”号。

▼ “丘吉尔”号驱逐舰，原为“亨顿”号。

"斯坦利"号驱逐舰，原为"麦卡拉"号。

"拉姆西"号驱逐舰，原为"米德"号。

## 多用途的美国驱逐舰

美国海军中有大量的特种舰艇和辅助舰艇服役，除了单独建造之外，大部分都是由现役和处于封存状态的舰艇改装而成的。由于美国海军拥有大量驱逐舰，因此以这些舰艇为基础进行改装就成为可能。经过改装的驱逐舰主要分为三种：高速运兵船、高速扫雷舰和高速布雷舰。此外还有短暂改装为飞机供应舰（AVP）或水上飞机供应舰（AVD）的情况，但只集中于个别舰只。

### 高速运兵船（APD）

高速运兵船，代号APD，其中“AP”代表运兵船，“D”代表驱逐舰。高速运兵船通常由驱逐舰改装而成，一次能够运载连一级的作战单位进行登陆，并且能够停留在滩头附近提供必须的火力支援。

最早的一批高速运兵船共有36艘，是在一战后由平甲板驱逐舰改造而成，包括有“考德威尔”级1艘、“维克斯”级17艘、“克莱蒙森”级14艘，这些高速运兵船被称为“平甲板”。为了适应运输需要，这些驱逐舰拆除了两座锅炉、1门主炮和部分鱼雷发射管，同时安装了1门博福斯40毫米高射炮和5门厄利孔20毫米机关炮；第二批高速运兵船共有45艘，是在1943至1945年间由“巴克利”级护航驱逐舰（Buckley class destroyer escorts）改造而成的。其安装了1门127毫米炮和6门博福斯40毫米高射炮；第三批高速运兵船共有51艘，是在1943至1945年间由“拉德罗”级护航驱逐舰（Rudderow class destroyer escorts）改造而成的。

二战中，高速运兵船在瓜达尔卡纳尔战役中开始发挥作用，这种灵活快速的小型舰船能够突破对方的拦截将部队和物资送上滩头。在完成运输任务后，高速运兵船还能作为战斗舰艇执行对岸炮击、反潜巡逻、扫雷等任务。有的时候，高速运兵船还会运送水下爆破队和突击队执行特种作战任务。在战争中，共有10艘高速运兵船因为遭到对方水面舰艇和飞机的攻击而沉没，其中包括9艘“平甲板”高速运兵船和1艘“巴克利”级高速运兵船。

二战结束后，剩下的23艘“平甲板”高速运兵船全都于1945至1946年间退役。“巴克利”级和“拉德罗”级高速运兵船则继续参加了朝鲜战争和越南战争，并在60年代开始退役。1969年，高速运兵船正式改称为快速两栖运输船（Fast Amphibious Transports，简称LPR）。

▲“斯特林厄姆”号（APD-6）高速运兵船，可以看到其拆除了两根烟囱。

▲缓慢行驶的“登特”号（APD-9）。

▼停泊状态下的“塔特纳尔”号（APD-19），乘员都集中在甲板上。

◀停靠在岸边的“吉尔默”号（APD-11），图中圆圈是经过改装之后的设备。

▼缓慢行驶的“克莱蒙森”号（APD-31）。

▲停泊状态下的“迪克森”号（APD-21），可以看到其武备大幅减少，舰体中部有四艘登陆艇。

▼缓慢行驶的“贝尔克纳普”号（APD-34）。

## 高速扫雷舰（DMS）

高速扫雷舰，代号DMS，均由舰队驱逐舰改装而成。第一批17艘高速扫雷舰于1940年10至11月开始改装，包括“维克斯”级8艘和“克莱蒙森”级9艘；1941年，又有1艘“维克斯”级驱逐舰接受改造；1942年，24艘“格里维斯”级驱逐舰被改造成高速扫雷舰，至此美国海军一共装备了42艘这种舰艇。

由老式驱逐舰改装的高速扫雷舰拆除了4号锅炉、鱼雷发射管，安装了绞车、起重机等设备，增强了对磁性水雷和声波水雷的扫除能力。二战中，美国海军的高速扫雷舰除了执行扫雷任务，还像其他驱逐舰一样执行包括火力支援、反潜巡逻、防空警戒等战斗任务。二战结束后，由“格里维斯”级改造的高速扫雷舰被重新归入驱逐舰并退役，剩下的高速扫雷舰则被归入训练舰（AG）。

▲ “多西”号（DMS-1）高速扫雷舰，其舷号已经重新涂为1。

▼ “博格斯”号（DMS-3）高速扫雷舰，可以看到舰艉安装的绞车、起重机等。

▲航行中的“霍华德”号（DMS-7）高速扫雷舰。

▲缓慢航行的“朗”号（DMS-12）高速扫雷舰。

▼缓慢航行的“霍普金斯”号（DMS-13）高速扫雷舰。

▲ 近距离观察“培里”号（DMS-17）高速扫雷舰舰艉，圆圈中的武备为保留下来的驱逐舰武器。

▼ “费奇”号（DMS-25）高速扫雷舰。

▲ 正在大洋中航行的“霍布森”号（DMS-26）高速扫雷舰。

▲ 俯瞰“杰斐斯”号（DMS-27）高速扫雷舰。

▼ 航行中的“卡密克”号（DMS-33）高速扫雷舰。

▲ 高速航行中的“多尔”号（DMS-34）高速扫雷舰。

▲ 航行中的“麦科克”号（DMS-36）高速扫雷舰。

▼ 航行中的“戴维森”号（DMS-37）高速扫雷舰。

## 高速布雷舰（DM）

高速布雷舰，代号DM，由舰队驱逐舰改装而成。第一批22艘高速布雷舰由老式的平甲板驱逐舰改装而成，其中由“维克斯”级改装的高速布雷舰称为“斯特里布林”级（Stribling class），由“克莱蒙森”级改装的高速布雷舰称为“特蕾西”级（Tracy class）。二战中，美国海军将正在建造的12艘“萨姆纳”级驱逐舰改装成高速布雷舰，称为“史密斯II”级（Robert H. Smith class）。在美国海军三个级别的高速布雷舰中，“史密斯II”级的性能最好，其安装了6门127毫米高平两用炮、12门博福斯40毫米高射炮和11门厄利孔20毫米高炮。“史密斯II”级拆除了鱼雷发射管，留出的空间可以容纳80枚水雷。

▲ 停泊状态下的“拉姆西”号（DM-16）高速布雷舰。

▼ 行驶中的“普雷贝尔”号（DM-20）高速布雷舰。

俯瞰“香农”号（DM-25）高速布雷舰。

高速航行中的“哈里·F·鲍尔”号（DM-26）高速布雷舰。

I

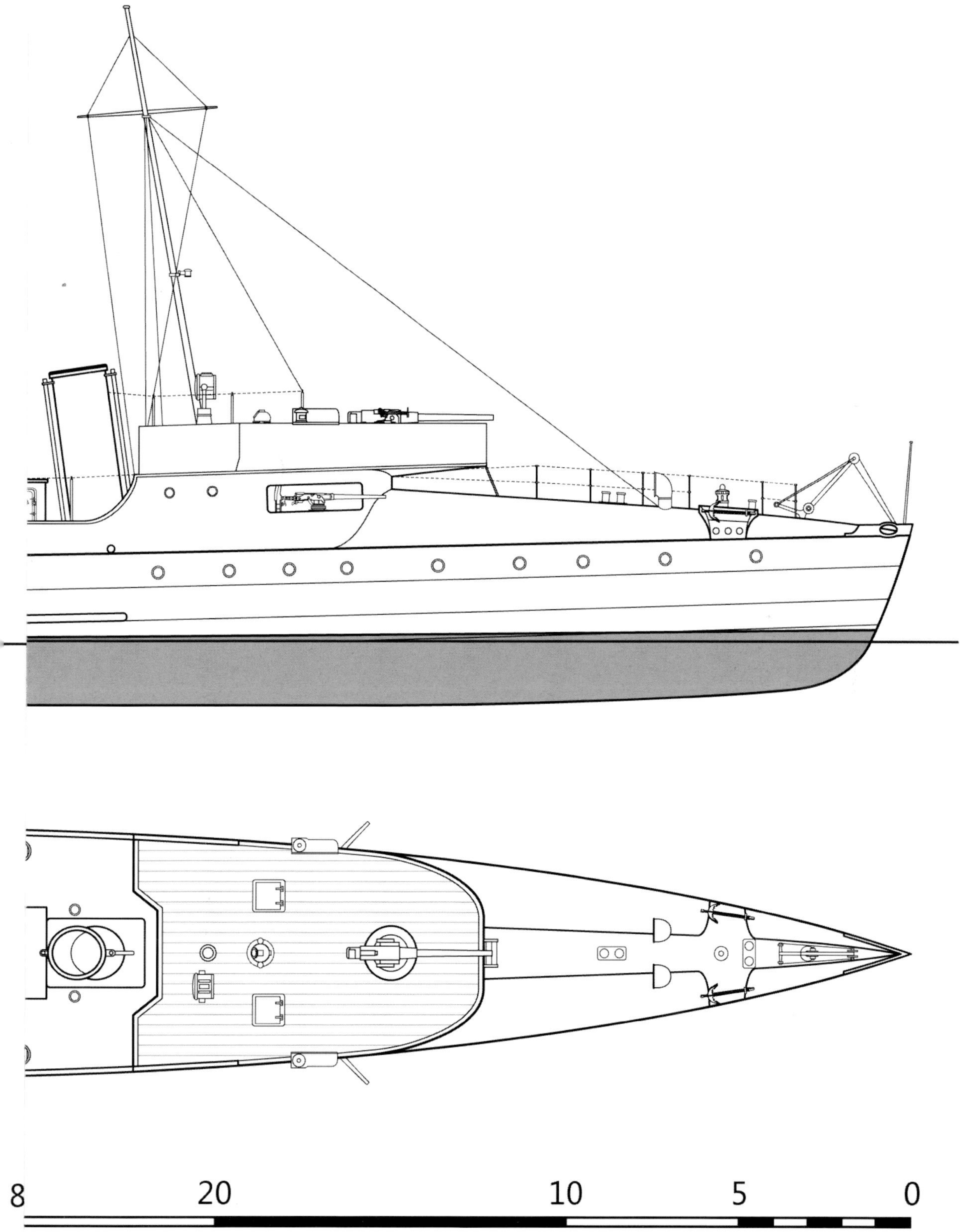

高速布雷舰主要执行在敌方海域夜间布雷和在敌方运输航线上布雷的任务，必要时其也要像其他驱逐舰一样负责反潜和防空等任务。二战后，大部分高速布雷舰都退役了，剩下的于1969年被归入快速布雷舰（MMD）。

▲ “葛文”号（DM-33）高速布雷舰上层建筑和武备特写。

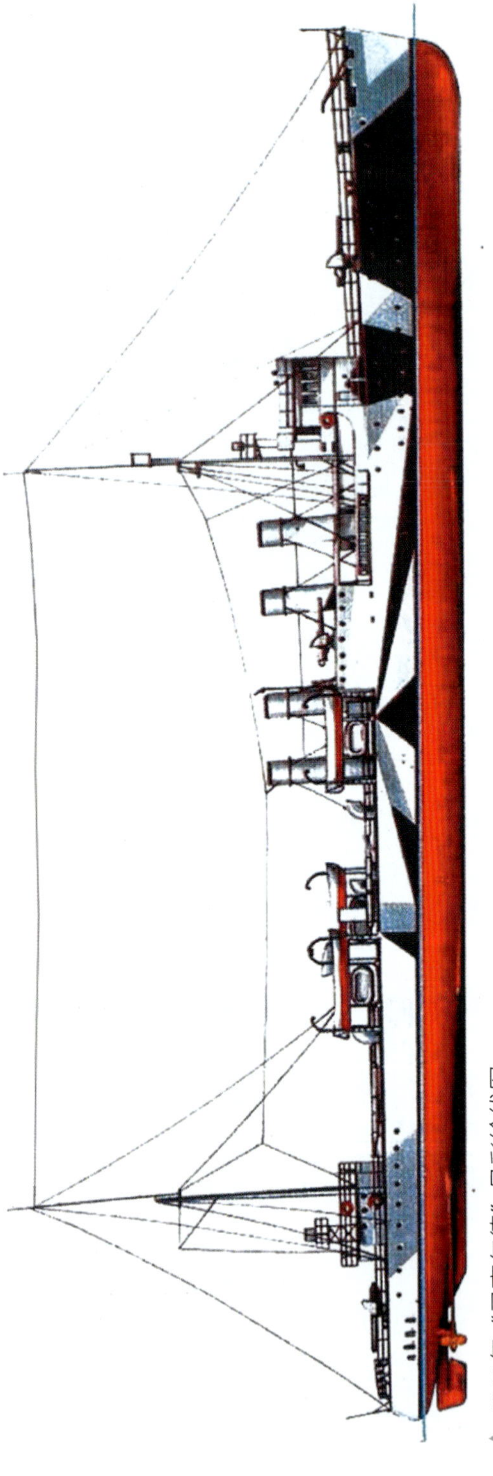

1918年“灵高尔德”号彩绘线图

1918年“登特”号彩绘线图

▲"厄普舍"号驱逐舰线图

▲1941年"特拉克斯顿"号彩绘线图

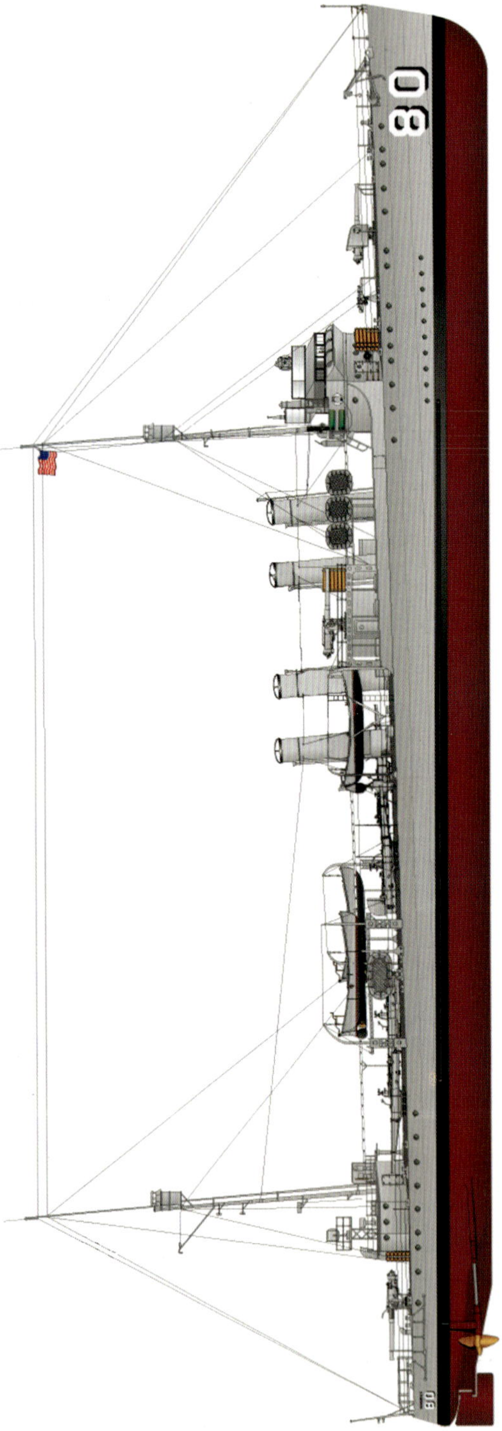

◀ “金伯利”号驱逐舰线图

▶ “特拉克斯顿”号线图

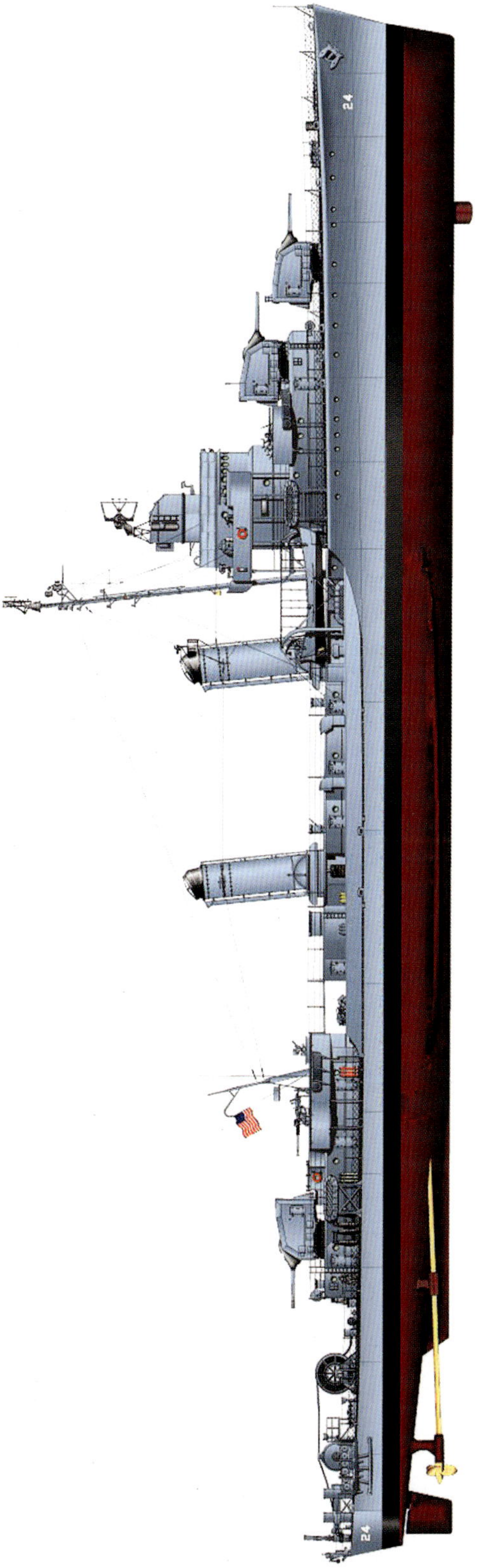

◀ “福莱斯特”号（DMS-23）高速扫雷舰彩绘线图

▶ “艾利特”号彩绘线图

▲ “戴尔”号彩绘线图

▲ “墨菲特”号彩绘线图

◀ “道恩斯”号彩绘线图

▶ “范宁”号彩绘线图

◀ “温莱特”号彩绘线图

▶ “巴格莱”号彩绘线图

▲ “拉夫·塔尔博特”号彩绘线图

▼ “马格福特”号彩绘线图

▲1944年“史密斯”号彩绘线图

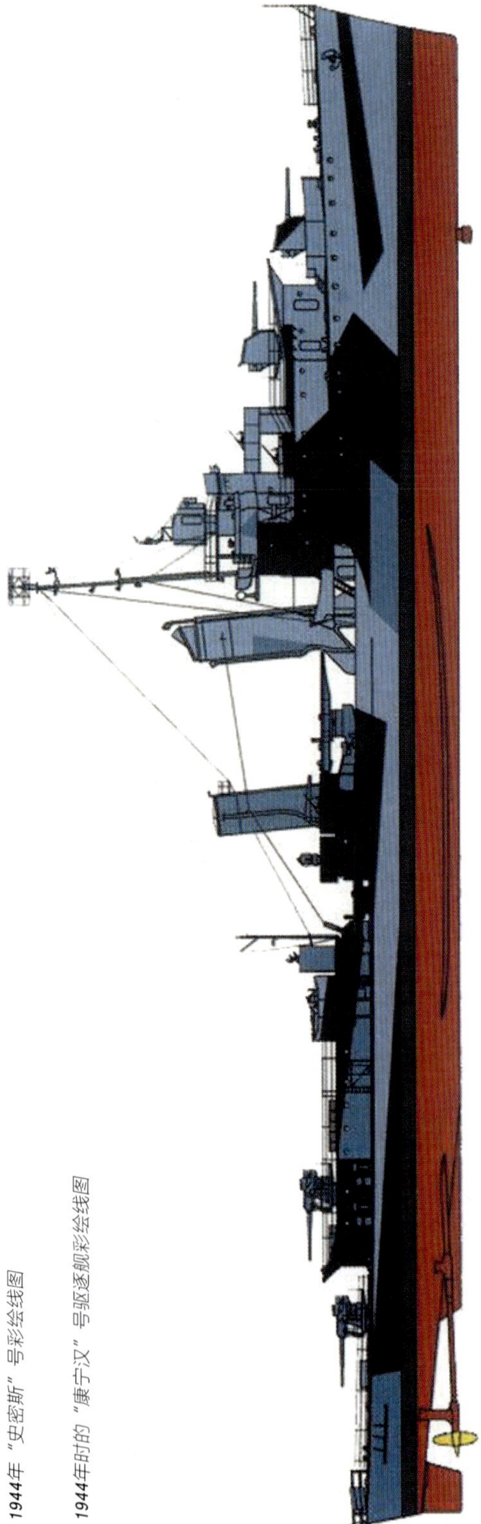

▼1944年时的“康宁汉”号驱逐舰彩绘线图

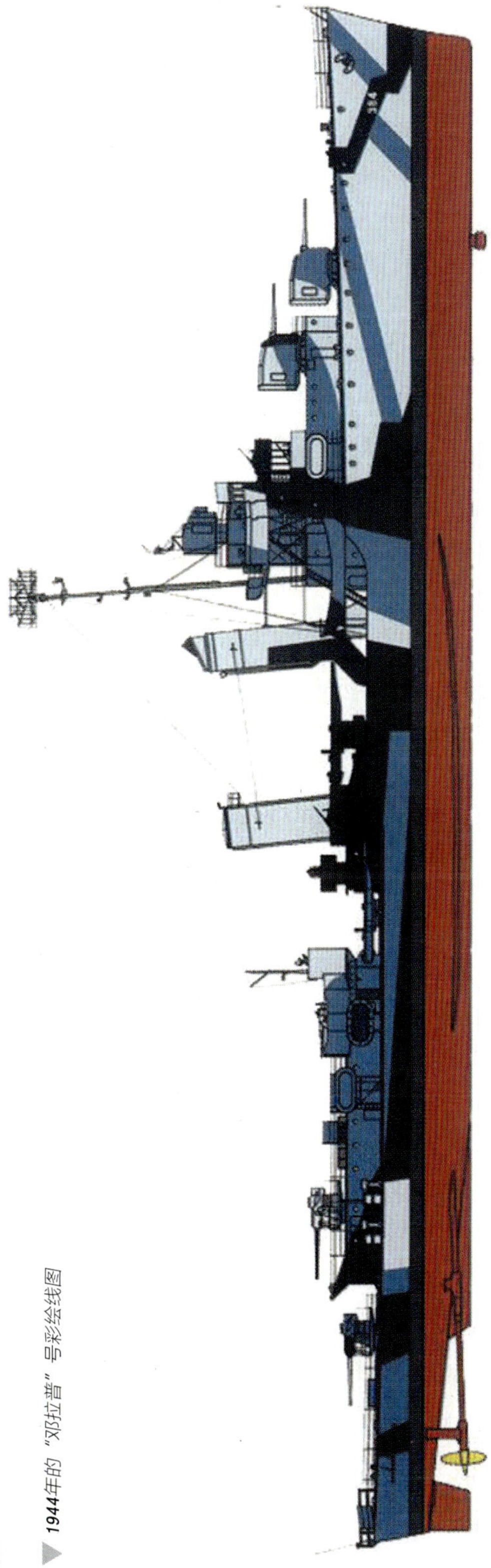

▲1945年“克雷文”号彩绘线图

▼1944年的“邓拉普”号彩绘线图

*1941年和1942年时的“波特”号彩绘线图*

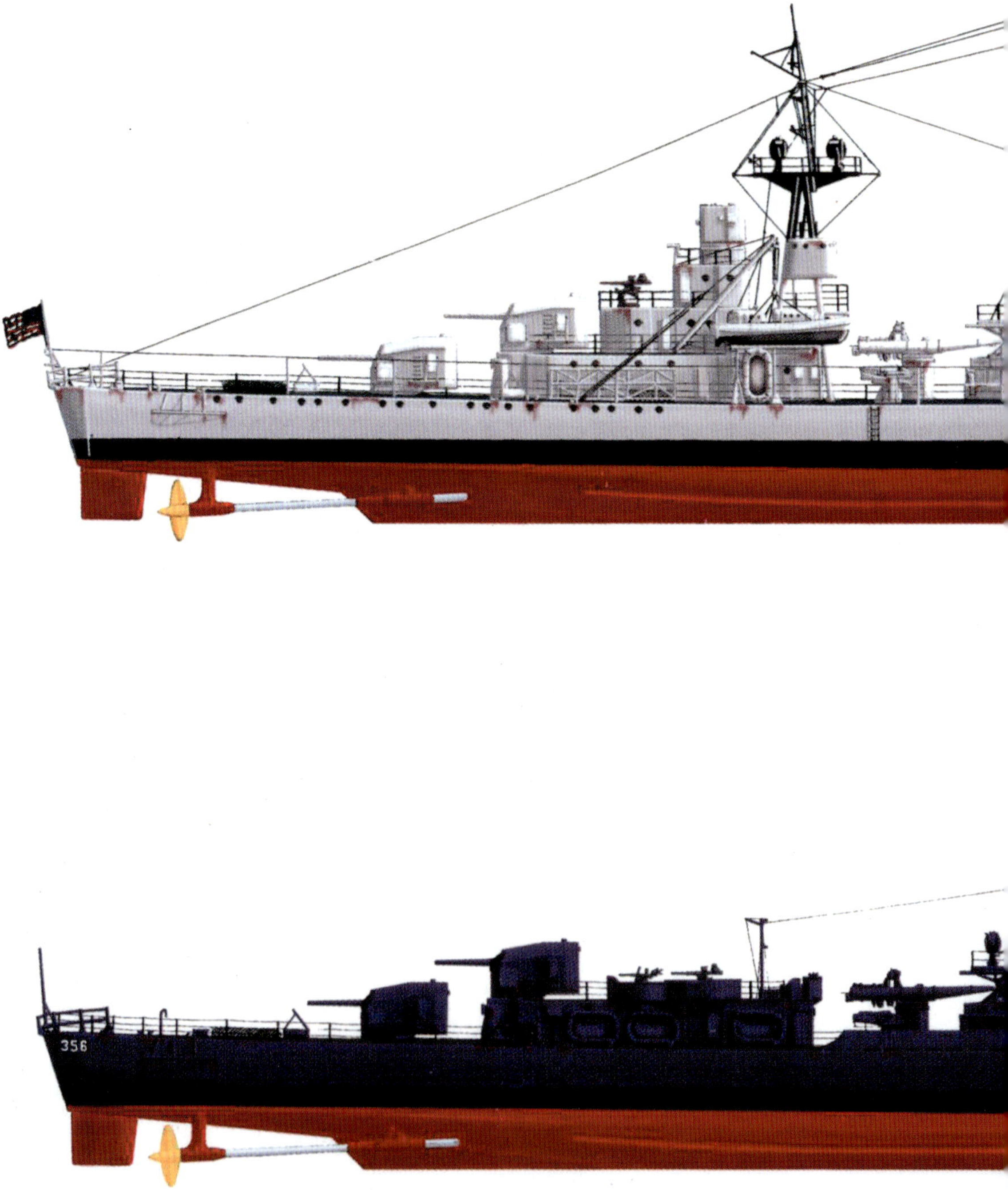

356

*1944年的"德雷顿"号彩绘线图*

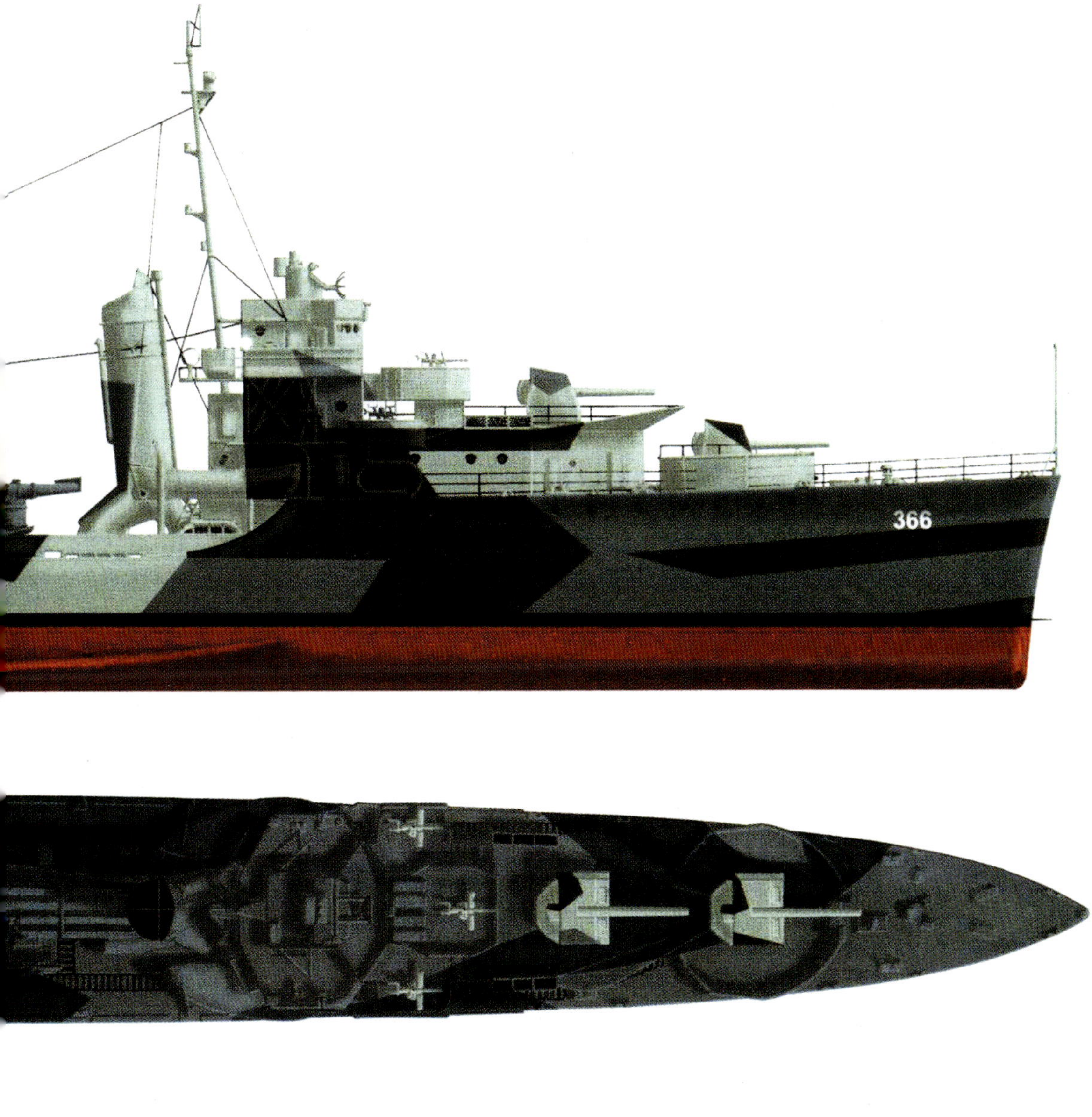
366

*1945年时的“塞弗里奇”号彩绘线图*

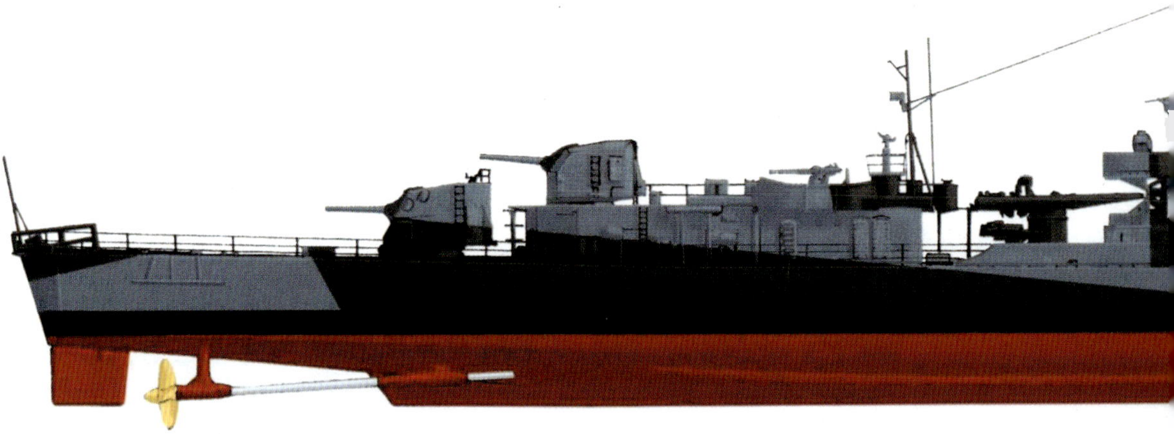

1941年12月7日早晨，“沃德”号驱逐舰正在珍珠港外攻击一艘企图潜入港内的日本袖珍潜艇，如果当时美军能够立即发出警报，珍珠港的惨剧可能就不会发生了。

“格里德利”级的“莫里”号驱逐舰正与其他美国驱逐舰在海面上编队航行，美国驱逐舰经常被编成驱逐舰分队进行作战，不过在战时分队也会被拆分执行不同的任务。

▲ “马汉”级的“杜雷顿”号驱逐舰正在海面上高速航行。

▼ 二战中经过大改造的“菲尔普斯”号驱逐舰，其采用了二战中通用双联装127毫米主炮炮塔，舰艉还安装了一座单联装127毫米主炮炮塔，整艘军舰的外形已经很像“萨姆纳”级了。

366

360

# 后记

2013年10月28日，美国海军最新型的“朱姆沃尔特”号（DDG-1000）驱逐舰下水。新舰的服役使得美国海军又一次远远领跑于世界，巧合的是此时距美国海军历史上第一艘驱逐舰“班布里奇”号（DD-1）的服役已经整整过去了111个年头，在这100来年的时间里美国海军陆续建造了近千艘各型驱逐舰。当“班布里奇”号服役的时候，世界海军才刚刚准备迈入无畏舰时代，那时的驱逐舰只是一种毫不起眼的辅助舰只。从那时到二战结束短短的40来年，“大舰巨炮”已经被“全甲板攻击”所取代。经过战争的洗礼很多种类的军舰走向了衰亡而驱逐舰这种当时毫不起眼的“小船”却得到了长足的发展。在二战后距今的60多年里，战后世界局势的风云变幻，科技技术的日新月异使得美国海军最终成了世界海军的领跑者。而驱逐舰也并肩于航空母舰成为海军的主力战舰。所以能为美国海军驱逐舰的发展写一个全史，填补目前国内军事出版界的这一空白不愧为一件幸事。

一直以为美国海军战后驱逐舰并不是一个复杂的选题，毕竟美国作为海军大国资料还算是详实，无论是美国海军官方还是各国研究者对各个时期美国海军的发展都有所研究，特别是在战后美国海军一直在加大装备的通用化力度，一件舰载设备可以在很多级的驱逐舰上使用，到了后期甚至在舰体上也进行通用化设计，直到发展成“设计级数少，每级建造数量多”的特点。这样可以在收集资料上节省不少时间从而减少本书的写作难度。但是事实证明对这个问题看得太简单了。首先二战以前驱逐舰作为一种辅助舰只往往会被人忽视，再加上其巨大的数量使得工作量陡然增加；在二战后的驱逐舰发展也是经过了不断论证甚至“小步快跑”的过程，所以要想把这个过程给梳理清楚还是有些难度的。其次，在当今网络上、各种印刷品中所能寻找到的材料则是错讹颇多，而这些问题官方往往并没有给出过一个明确的认定。所以很多时候要想去伪存真就不得不从细节处慢慢比对，这其中的艰辛只有笔者才能体会。当本书付梓之时不敢说能写作出什么精品，但求没有什么错误。在此要特别感谢各位读者，你们的批评指正正是对我们最好的鞭策。

在此特别感谢本书编辑，正是由于你们的辛勤努力才使得本书最终可以和读者见面。同时也要感谢本书的插图作者，你们的佳作让本书增色不少。

作者

2014年8月

生动解析第二次世界大战欧洲东线战场苏德装甲部队的漫长鏖战！

真实还原苏联装甲部队的血泪发展史！

详细剖析苏联红军机械化部队作战理论的演变历程！

**钢铁与钢铁的碰撞！正义与邪恶的生死较量！**